皮耶·艾曼，
可以教我做法式甜點嗎？

Pierre Hermé
et moi

皮耶·艾曼，
可以教我做法式甜點嗎？

Pierre Hermé
et moi

著 ── 皮耶·艾曼 pierre hermé

索蕾妲·布哈維 soledad bravi

譯 ── 徐麗松

À Valérie, mon amoureuse, ma merveille.

Pierre Hermé

獻給華勒麗（Valérie），我的摯愛、我的奇蹟。

皮耶‧艾曼

Sommaire 目錄

Comment tout a commencé

本書緣起

我要開門見山地說清楚：我並不打算把法式甜點當成我的專業。

我唯一的目的，是希望自己能做出一些比現在做的更加令人驚豔的甜點。

所以我決定向首屈一指的甜點之神討教，請他把所有訣竅傳授給我，並讓我在一旁看著他製作甜點。或許我真的可以就此更上一層樓呢！

我之所以決定拜師皮耶・艾曼，第一個原因是我超愛他的甜點（光看這一點，理由就夠充分了吧！）。他驚人的味覺搭配讓我佩服得五體投地，例如荔枝搭配玫瑰，橄欖油搭配香草……對我的味蕾而言，這些都是天堂般的絕妙滋味。但更重要的是，我渴望能黏在他身邊，用非常不優雅的方式，大肆品嘗那些美侖美奐的蛋糕和令人如痴如醉的甜點。因為當皮耶・艾曼進行創作的時候，他從不會忘記一件事：蛋糕在絕頂美麗之前，首先必須絕對美味。

於是我像一隻貪吃的小老鼠一樣，在他的創作廚房裡聽他說話，觀察他的工作，做筆記、畫圖。我畫滿一本又一本的素描簿，然後把那些資料搬到這本書裡，跟所有讀者分享我在皮耶・艾曼身邊的神奇經驗。

不過我想先跟各位報告一下，我跟他之間的緣分是怎麼開始的……

我在馬拉布（Marabout）出版社幫我出版的一本繪本中，畫了一張他的巧克力蛋糕食譜，那份食譜是我從一本雜誌裡ㄅㄧㄤ到的。至於那個蛋糕，可真是天殺的好吃啊！我把那幅圖作寄到他在巴黎第六區波拿帕特街的本店，希望能獲得刊登的允許，結果他居然很快就打電話告訴我，說他超愛我的圖，覺得它很有幽默感，反倒還請我允許他使用那幅圖製作賀卡呢！

我愛吃他的蛋糕，

他喜歡我的幽默感，

我們準備好開始合作了！

我跟皮耶·艾曼一起
做一本書⋯⋯
是的我知道，他實在
太走運了。

這位是卡米耶

皮耶·艾曼的首席甜點師在我
眼前親手做出所有甜點。

這位嘛，就是我啦！

我什麼都要做筆記：
- 詳細食譜
- 實際作法
- 私房訣竅
任何細節都不放過，
因為我就是廚房裡的
小老鼠呀！

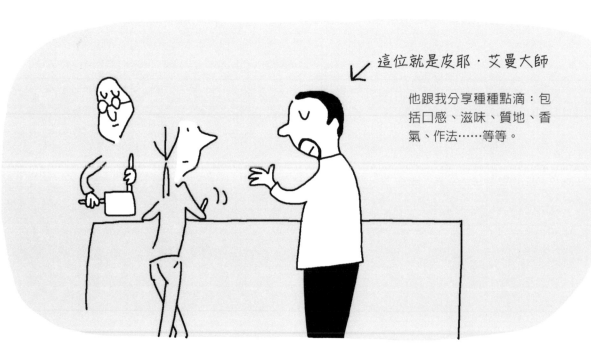

這位就是皮耶·艾曼大師

他跟我分享種種點滴：包
括口感、滋味、質地、香
氣、作法⋯⋯等等。

我問他的問題少說也有幾千個，而他以天使般的耐心一一回答。

我回家以後，會把所有筆記重謄一遍，然後畫出步驟圖。

週末時我會按照食譜自己試做，來看看透過我的說明，這些甜點是否真的很容易製作。完成後，我會請全家人一起品嘗。今天要吃的是：10小時蘋果塔佐酥粒和焦糖布丁。

Pierre Hermé
et moi

les trucs et les astuces que j'ai remarqués, qui font la différence 甜點之神的小竅門大發現

我把這些祕密洩漏出來，不是要你純欣賞，而是要你如法炮製！

事前準備

- 把甜點食譜從頭到尾讀一遍，以免出亂子——例如，臨時發現這道甜點前一天晚上就該準備好。

- 穿上圍裙。

- 把手洗乾淨。

- 預熱烤箱。注意：烤箱性能各有不同，食譜所示的烘烤時間只能作為參考。記得經常檢查烘烤狀態。

- 把秤量好的所有材料分別放在小瓶罐中，這樣比較乾淨而且清楚。

- 在大部分食譜中，**雞蛋和奶油都必須為室溫**，比較容易攪拌。

- 道具準備：所有器具都要放在伸手可及之處。

- 工作檯上絕不可以擺放任何不需要的東西。

創作期間

- 用具要經常洗滌。在廚房裡當個勤快的小天使多動動不是壞事喔！這樣我在創作完成、準備品嘗時，才不會有一大堆黏膩的東西得清洗。

- 所有器具都必須非常乾淨。

- 攪拌材料時，皮耶用的是一種叫maryse的橡皮刮刀，但熬煮材料時，他用的是木杓。

- 攪拌時一定是從中心往外攪拌。

- 要將材料加進攪拌機前，他一定會先把機器關掉。

- 麵粉和糖粉先過篩，這樣才不會有不好攪拌的小硬塊，而且可以避免一個小困擾——麵粉如果放得太久（例如6個月），可能會長出小蟲。

- 他會把麵團放進冰箱，讓奶油重新硬化。如此一來，麵團在工作檯上擀開時才不會黏在檯面上。

- 他使用全脂牛奶，這樣味道更香濃。

- 他準備的卡士達醬分量會比實際需要的還多，因為量太少不易攪拌。

- 他一定會在烤盤裡墊一張烤焙紙。

- 他會在模具裡塗抹奶油和麵粉。

完成以後

● 方塊蛋糕從烤箱中取出後，皮耶會把它靜置5分鐘才脫模，然後擺在網架上冷卻（以防蛋糕底部累積溼氣）。

● 蛋糕剛出爐或剛從冰箱取出時，他不會馬上品嘗，而是等它接近室溫時再吃。

● 他不是用小湯匙吃甜點，而是用四齒小叉子。

● 在某些食譜中，他習慣使用有鹽奶油，而不太會分別使用無鹽奶油和鹽，原因是有鹽奶油中的鹽分分布比較均勻。

● 如果皮耶只用了半根香草莢，他會用保鮮膜把另一半包好，放進冰箱冷藏保存。

● 奶油霜可冷藏保存1週或冷凍保存1個月；卡士達醬可以冷藏保存3天，但不可以冷凍，以免失去原有質地。

● 蛋白可以冷藏保存4天，這點在製作瑪琳蛋白霜之類的甜點時很有用。不過所有食譜材料中使用的蛋白都必須來自新鮮雞蛋。

圍裙借我，拜託！

基本常識

1半湯匙 = 10公克
1平茶匙 = 2公克

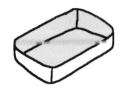

20公分烤盤
（高4公分）

篩網

磅秤

橡皮刮刀

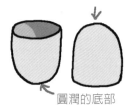

圓潤的底部

「雞屁股形」圓底盆

打蛋器

食物攪拌器

陶瓷刀

磨泥器
（手持式）

擠花袋，10號、12號、15號擠花嘴，扁齒擠花嘴

直徑21公分
圓形慕斯模或
活動式塔模

直徑20公分、
高4公分的
圓形慕斯模

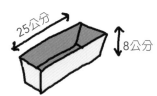

25公分　8公分

長型蛋糕模

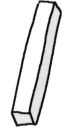

微波爐專用保鮮膜
（選擇不含PVC且
可耐高溫的品牌）

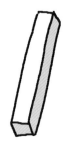

烤焙紙

料理用溫度計
（可測量至180℃）

擀麵棍

槳狀攪拌器　　球狀攪拌器
（立式攪拌機配件）

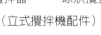

抹刀

桌上型攪拌機

12

Pour faire de la pâtisserie, il faut être patiente. Si je suis stressée, je vais acheter le gâteau à la pâtisserie.

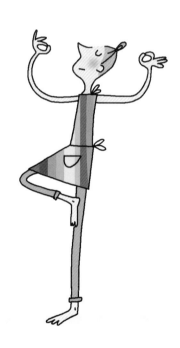

製作法式甜點需要很有耐心。
如果我的生活步調比較匆忙時，還是會乾脆到甜點店選購。

Pierre Hermé
et moi

les recettes faciles

輕鬆上手法式甜點

本書所有食譜皆為8人份

Pâte brisée 酥脆塔皮

需提前一天製作

奶油	砂糖	給宏德海鹽*	蛋黃	全脂牛奶	低筋麵粉
180公克	5公克	5公克	1個	50公克	250公克

譯註：
* 給宏德（Guérande）位於法國西部布列塔尼半島南岸、羅亞爾河口附近，是重要的優質海鹽產地。

如果選擇用手揉麵團，我會先把麵粉和切成小塊的奶油放在工作檯上，用雙手搓揉到小顆粒呈現砂粒狀時，再加入其他材料攪拌，並且不斷用掌心在工作檯上把奶油壓碎，直到材料混合成為均勻的麵團。
如果是使用攪拌機，我會把牛奶、糖、鹽放進攪拌缸，再以慢速攪拌。

接下來在另一個容器裡將蛋黃和奶油拌勻，然後倒入攪拌缸。一樣以慢速攪拌，否則麵團會不夠細緻滑順。

麵團沒有混合得很均勻，看起來有點噁心……

我把攪拌機關掉，一次加入所有的麵粉，再重新開啟攪拌機，以慢速攪拌，不過切勿攪拌太久。

我在工作檯上鋪上保鮮膜，把攪拌缸裡的一整坨麵團取出放在正中央，再用保鮮膜包裹起來，輕輕壓平：這樣可以使麵團從冰箱裡拿出來後比較容易擀開（麵團冷藏後會變硬，很難擀開）。

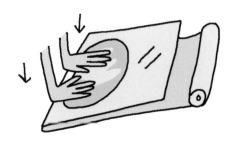

有點像是在做嘉雷特烤餅的麵團，我把它放進冰箱，冷藏一整晚。

**該怎麼把麵團
放進模型裡**

直徑20公分、高4公分的
圓形慕斯模

低筋麵粉
25公克

我在工作檯上撒上少許麵粉（說得優雅些，就是「薄施一層麵粉」），再放上麵團，撒上麵粉，
然後將麵團翻面。這時用擀麵棍將麵團擀開，重新撒上一些麵粉後翻面，再次把麵團擀開。

在慕斯模內側塗上奶油，把模型放在擀開的麵團上，然後用刀子把醜醜的邊緣切除。

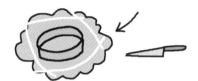

也可以使用直徑30公分的圓形慕斯摸，
一樣把四周多餘的塔皮切除。

我把擀開處理後的麵團放入冰箱冷藏**30分鐘**，使麵團裡的奶油再次變硬。

我把塔皮放進模型內（由於模型比較高，放置塔皮時不是很容易），然後用拇指把它往底部和側
邊都壓實（這叫「墊底」）。我把多餘的塔皮往上拉，並輕輕地往模型外側拉。

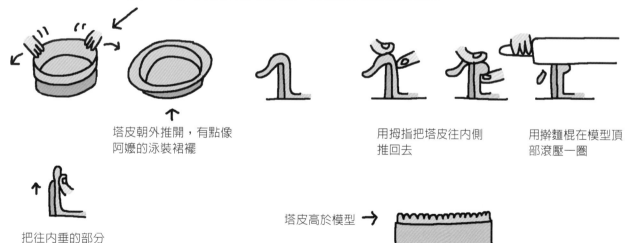

塔皮朝外推開，有點像
阿嬤的泳裝裙襬

用拇指把塔皮往內側
推回去

用擀麵棍在模型頂
部滾壓一圈

把往內垂的部分
往上推壓

塔皮高於模型 →

正式使用前，我會先把塔皮麵團放回冰箱冷藏**2小時**，若能放置**一整夜**會更好，以免因為太軟而塌掉。

Pierre Hermé
et moi

Flan 弗朗

水
370公克

全脂牛奶
370公克

砂糖
210公克

雞蛋
4顆

卡士達粉
（Ancel牌）
60公克

注意：
前一天要先用直徑20公分、高4公分的圓形慕斯模或蛋糕模做好酥脆塔皮備用（見P.16）。

皮耶‧艾曼的私房分享
這種弗朗（法式布丁塔）的高度非常重要，高度足夠看起來質感才會更棒，口感也會更令人滿足。

掌聲
鼓勵

我把水、牛奶和70公克砂糖放入鍋中，
開火後用攪拌器一直攪拌到沸騰，然後熄火。

接著把雞蛋和剩下的砂糖（140公克）放進圓底盆，
努力攪拌，然後加入卡士達粉，繼續努力攪拌。

我把鍋中的一半材料加入盆中一起攪拌。
先放一半是因為這樣比較輕鬆，也不會使蛋汁不小心被燙熟。
然後再加入另一半的材料繼續攪拌，再全部倒回鍋中重新加熱。
我必須一直攪拌至沸騰，然後調整為小火，繼續煮上**整整5分鐘**。
煮的過程中一定要用打蛋器徹底攪拌，以免材料黏在鍋底。
這對弗朗內餡的質地而言，是非常關鍵的5分鐘。

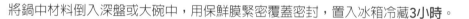

將鍋中材料倒入深盤或大碗中，用保鮮膜緊密覆蓋密封，置入冰箱冷藏**3小時**。
餡料一定要在冷卻狀態下才能倒入塔皮內，否則塔皮容易垮掉。

將烤箱預熱至170℃。

從冰箱取出餡料，現在它已經冷卻了。
我重新攪拌餡料，使它的組織更加細緻柔滑，而且更具流質感。
然後倒進鋪有酥脆塔皮的模型裡。
我用抹刀抹平餡料表面。
如果模型邊緣沾到了，要先擦拭乾淨，然後再放進烤箱烘烤**1小時**。
取出後，我會將弗朗放入冰箱冷藏至少**2小時**才開始享用。

我的手
好痠啊！

Pierre Hermé
et moi

Tarte à la rhubarbe 大黃塔

需提前一天準備

前一天

先用直徑21公分、高2公分的圓形慕斯模備好一份酥脆塔皮餡料（見P.16）。

天然大黃非常酸，我把它放進糖裡醃漬，以降低酸度。

大黃
600公克

砂糖
60公克

我先把大黃兩端切除，削皮去除粗硬的纖維，然後切成2公分的小段。把大黃放入容器中，
加入砂糖攪拌，再蓋上保鮮膜，放進冰箱冷藏**一整夜**。

可以一次糖漬份量更多的大黃，沒用完的可以拿來打成蔬果泥，在早餐或下午茶時享用。

當天

奶油	雞蛋	砂糖	全脂牛奶	動物性鮮奶油	杏仁粉	香草粉	杏桃果醬	有機草莓	糖粉
25公克	2顆	85公克	50公克	50公克	30公克	1小撮	3湯匙	250公克	20公克

我把烤箱預熱到170°C。

把塔皮餡料從冰箱取出，在上面鋪一大張烤焙紙，然
後放進乾燥的豆子，直到與塔皮頂部齊平（這樣可以
避免塔皮在烘烤中變形）。接著把烤焙紙往中央包起
來（如圖所示），然後放進烤箱烤**12分鐘**。

把烤焙紙
墊入模型中

倒入乾燥的
豆子

往中央包起來

皮耶‧艾曼的私房分享

塔皮當天就要食用完畢,才能享受酥脆的口感。

先把豆子取出,把塔皮單獨放回烤箱烘烤**15分鐘**。

然後把奶油放入鍋中,以中火加熱至顏色變深,散發出榛果香氣時,將鍋子離火冷卻備用。

接下來要準備克拉芙緹(clafoutis法式櫻桃布丁):首先用攪拌器把雞蛋打勻,加入砂糖拌勻後,再加入牛奶拌勻,然後加入鮮奶油繼續攪拌,接著再加入杏仁粉。全部材料都攪拌得非常均勻之後,再加進香草粉繼續攪拌。最後加入奶油,但要小心不要把鍋底沉澱物也倒進去,繼續攪拌至均勻。

再拿出回溫至室溫的塔皮,把糖漬大黃塊鋪在塔皮上。這時再把克拉芙緹餡料拌勻,然後倒入塔皮中。

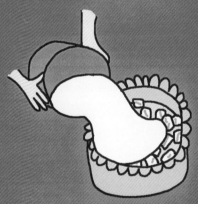

將烤箱溫度調到180˚C,烘烤25分鐘。

取出冷卻以後,我用毛刷塗上一層用攪拌器打過的溫熱杏桃果醬。果醬可以使塔的表面呈現晶瑩剔透的外觀,也有固定草莓的作用。

把草莓洗淨去蒂,縱向對切為兩半,然後以草莓尾端朝上的方式,鋪滿大黃塔的表面。

品嘗前,我再撒上一些糖粉,讓它看起來更漂亮。

Pierre Hermé
et moi.

Pâte sucrée 甜塔皮

需提前一天準備

軟化奶油	糖粉	香草莢和香草籽	杏仁粉	雞蛋	低筋麵粉	鹽之花
125公克	85公克	1根	25公克	1顆	210公克	3小撮

首先把奶油放進攪拌機裡攪拌（如果是以手工揉麵團，就放進圓底盆中）。
接著放入糖粉和香草籽拌勻，然後再加入杏仁粉，繼續攪拌。

要仔細注意材料裡不要有奶油硬塊，還有必須以柔和的方式攪拌，避免空氣跑進麵團裡。

等材料都混合均勻後，我再把雞蛋加入攪拌。這時材料會分散變得一坨一坨的，看起來有點噁心。
加入麵粉和鹽之花（鹽分可以平衡甜味），稍微攪拌一下，只要材料能混合均勻就好了。

皮耶・艾曼的私房分享

甜塔皮在食用時必須具有入口即化的質地。為了達到這種效果，要盡可能減少攪拌。
甜塔皮所含的糖分比較高，沙布雷塔皮則是奶油含量比較高。

擀開麵團的竅門

就像做酥脆塔皮時一樣，我用保鮮膜把麵團包起來輕輕壓扁，如此一來，從冰箱取出要擀開時才不會太費力。因為當麵團呈一大顆球狀處於冰冷狀態時，是很難、很難擀開的。

我把麵團放進冰箱冷藏**2小時**，使奶油變硬，這樣麵團才比較不會沾黏工作檯。

在工作檯上撒上一點點麵粉（「薄施一層麵粉」），擺上麵團後撒上麵粉，翻面用擀麵棍擀開，再次撒上些麵粉，重新翻面擀開。我在慕斯模內側塗上奶油，把模型放在擀開的麵團上，然後用刀子把醜醜的邊緣切除。接著把處理後的塔皮置入冰箱冷藏**30分鐘**，讓它變得硬一點，塔皮才比較不會變形。

這跟嘉雷特烤餅（galette）看起來滿像的，我把它放進冰箱冷藏2小時。

最好前一天就先準備好塔皮。

將烤箱預熱至180℃。

我利用這段時間，在烤焙紙上剪出一塊比模型略大的圓形。接著從冰箱取出塔皮，放進模型中，往底部和側邊壓實（也就是「墊底」），然後切掉頂端多餘的塔皮。我用叉子把塔皮稍微戳出一些洞，但不能戳太多，因為之後得倒入液態的餡料。我在塔皮上鋪上烤焙紙，倒滿乾燥的豆子，以防止塔皮在烘烤過程中變形。然後放進烤箱烘烤**20分鐘**。

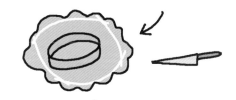

取出時，塔皮邊緣已經烤熟了。我把豆子和烤焙紙取出，以備下次使用。我再把塔皮單獨放進烤箱繼續烘烤**5分鐘**。

這樣我的塔皮就做好了，它是淺栗色的喔。

Pierre Hermé
et moi

Pommes de 10 heures 10小時蘋果

製作超簡單又超級好吃！我每次都會多做一些，如此一來便能隨時享用。這道甜點不是很甜，有點清爽的酸味，而且入口即化。早上起床時把蘋果放進烤箱，10小時後就烤好了。當然這一整天我都會待在家裡，我可沒神經病，不可能讓烤箱開著烘烤，人還跑出去玩。

皮耶・艾曼的私房分享
我最喜歡來自英國的Cox's orange pippin蘋果，這個品種的甜度和酸度比例最均衡。長時間烘烤會使它的質地產生有趣的變化。

Cox's orange蘋果或
Cabrille blanc蘋果
1.5公斤

奶油
30公克

柳橙皮屑
1顆量

砂糖
60公克

將烤箱預熱至90℃。

接著用刨刀替蘋果削皮，然後對切，用刀尖挖除種子，再切成約0.2公分的薄片，排入烤盤。

皮耶・艾曼的私房分享
這個甜點食譜源自1919年出版的《美食七日譚》（L'Heptameron des gourmets）。在原版食譜中，蘋果是一層又一層地放置，最後疊成高度達40公分的超級焗烤蘋果。

先把奶油熔化，用毛刷塗刷在蘋果上。

取來裝砂糖的容器，接住磨泥器磨出來的柳橙皮屑。
接著用手指混合柳橙皮屑和砂糖，使橙皮所含的精油與砂糖充分結合。
這個動作也可以使橙皮分散，不會擠成小堆。
然後將材料均勻撒在蘋果上。

用耐高溫保鮮膜把整個烤盤包覆起來，一共3層，
如此一來就可以達到爛煨的目的。
最後把烤盤放進烤箱烘烤10小時。

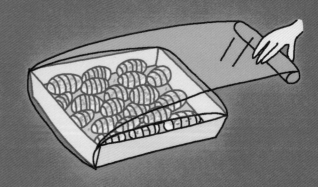

烤好啦，我來嘗嘗看……

哇塞！
真是人間美味啊！

Pierre Hermé
et moi

Pomme crue assaisonnée 調味鮮蘋

這個配方可以跟10小時蘋果搭配食用，或作為蘋果塔的內餡，也可以用來做「蘋‧蘋‧蘋果！」（見P.28）。

澳洲青蘋果
1顆

檸檬汁
1/2顆量

黑胡椒
以研磨器
轉1圈的量

蘋果洗淨不削皮，去除果核後切丁，接著把檸檬汁和黑胡椒加入一起攪拌即可。

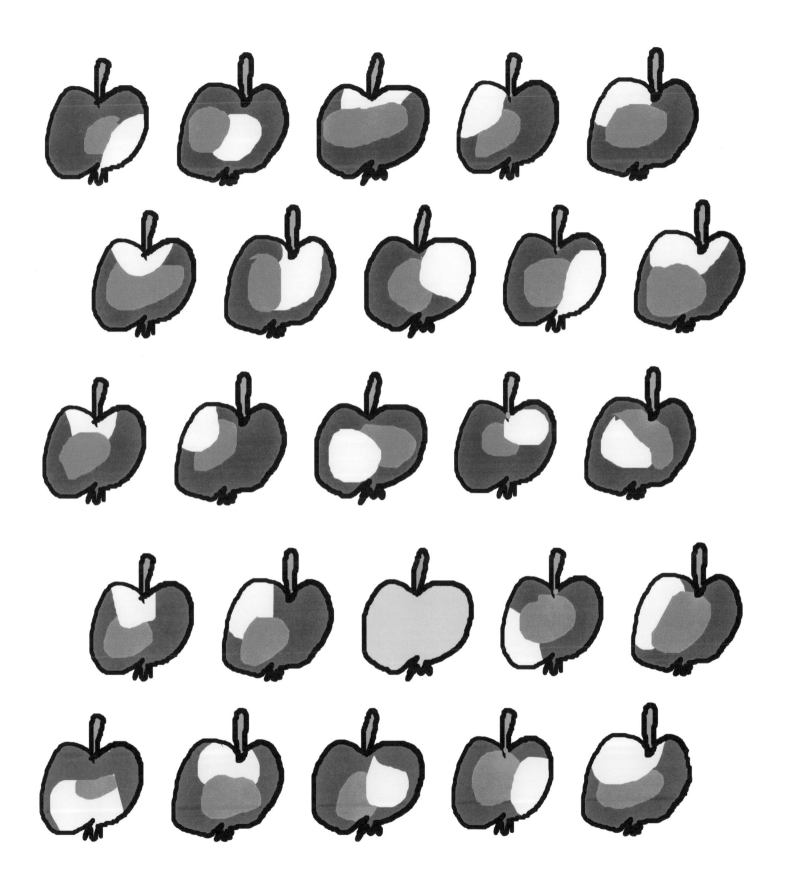

Pom, pomme, pommes 蘋 · 蘋 · 蘋果！

這道「三層蘋果杯」又是一款製作超簡單又超美味的甜點。焗烤蘋果的柔潤多汁、青蘋果的酸脆爽口、蘋果冰砂沁涼透心脾的口感，鋪陳出令人嘖嘖稱奇的味覺饗宴。吃一口就停不下來了⋯⋯

預備材料：

10小時蘋果（見P.24）1公斤
調味鮮蘋（見P.26）320公克（約3顆）
特製蘋果冰砂（作法如下）480公克

新鮮蘋果汁 （如Tropicana®或 Andros®的100%原汁） 370公克	水 110公克	檸檬汁 20公克	玫瑰露 5滴

28

把所有材料放在圓底盆中混合攪拌，然後倒進長20公分的深盤，放入冰箱冷凍。

大約15至20分鐘後，材料會開始結凍，這時立即將它取出用攪拌器攪拌。**每5分鐘**就取出攪拌一次，持續此步驟**1小時**。最後我再用叉子做攪拌、擠壓的動作，並確認沒有結凍成比較大的顆粒。

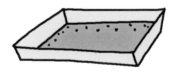

← 只要看到邊緣部分開始結凍了，
　　就開始攪拌吧！

準備8個美麗的玻璃杯，在每個杯子裡放入120公克10小時蘋果（下層）、60公克蘋果冰砂（中層）、40公克調味鮮蘋（上層）。享用時，我可以在最上面放一球青蘋果雪酪（只要品質不錯的就可以，比如我在Picard冷凍食品超市買的雪酪就很完美）。

皮耶‧艾曼的私房分享

有些蘋果具有玫瑰的香氣，特別是金蘋果（golden）。使用玫瑰露可以使這股天然香氣進一步延伸發揮。

Pierre Hermé
et moi

Tarte aux pommes 蘋果塔

預備材料：

烘焙好的甜塔皮（見P.22）1份
10小時蘋果（見P.24）500公克
調味鮮蘋（見P.26）150公克

奶油
100公克

砂糖
100公克

鹽之花
2小撮

杏仁粉
60公克

低筋麵粉
100公克

罌粟籽
20公克

將烤箱預熱至170℃。

先準備要放在蘋果塔最上層的塔皮酥粒。我可以用攪拌機的槳狀攪拌器來攪拌，但也可以用手工製作塔皮酥粒。

奶油攪拌直到均勻，然後加入砂糖繼續攪拌，拌勻後加入鹽之花繼續攪拌，再加入杏仁粉拌勻。我會用橡皮刮刀來刮除黏在攪拌器上的奶油。

加入麵粉以前，我會用篩網仔細篩過。（麵粉放在櫃子裡太久的話，可能會結粒或長出小蟲。為了避免發生這種情況，我習慣把麵粉放進冰箱冷藏，甚至是冷凍。）

努力拌勻以後，再把麵粉和罌粟籽加入一起拌勻（不過要先聞聞看是否有變質），再繼續努力攪拌。

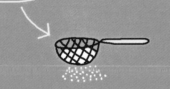

皮耶・艾曼的私房分享

我絕不買現成的罌粟籽麵包，因為市面上的麵包師傅經常使用變質的罌粟籽。罌粟籽跟核桃、榛果、芝麻一樣，非常不容易保存。

我把10小時蘋果和調味鮮蘋拌勻，放入烤好的甜塔皮內，表面撒上塔皮酥粒。但要注意不要撒得太滿，稀疏一點比較好。我不見得會把全部的塔皮酥粒一次用完，因為保有主材料的風味比較重要，而不是把甜點做得過度飽滿。

接著把蘋果塔放進烤箱烤**30分鐘**。

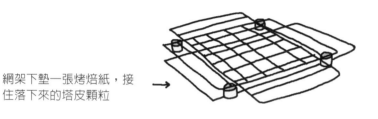

網架下墊一張烤焙紙，接住落下來的塔皮顆粒 →

這樣就會形成方塊狀的小顆粒

製作塔皮酥粒的小竅門

我會把兩個網架以不同方向重疊在一起，然後架在甜點模或深盤上。接著把剛從冰箱取出的塔皮放在網架上，用掌心把塔皮往前推壓。

 皮耶‧艾曼的私房分享

我會在這道蘋果塔中加入一些澳洲青蘋果。
我喜歡這種青蘋果的爽脆口感和多汁果肉，如此一來可為甜點帶來酥脆＋清脆的雙重口感。

為了讓這道甜點的外觀有如在皮耶‧艾曼專賣店中所看到的一樣精緻，我會撒上一層糖粉，然後在蘋果塔中央點綴30公克澳洲青蘋果丁和一點點黃檸檬汁。

j'assure quand même

我還算罩得住吧！

Tarte au citron 檸檬塔

我14歲就會做這道甜點了。
對完全沒有料理天分的人來說，這道甜點食譜絕對萬無一失。

預備材料：

甜塔皮（見P.22）1份

有機檸檬	砂糖	雞蛋	奶油
5顆 （檸檬皮和檸檬汁 都會使用）	100公克	3顆	80公克

將烤箱預熱至180℃。

用熱水將檸檬清洗乾淨，去除表面的蠟。我利用磨泥器磨下檸檬的綠皮部分，這時要避免磨到白色部分，因為它的苦味太重了。用手指把檸檬皮屑跟砂糖混合備用。接下來把檸檬榨成汁，然後用攪拌器把雞蛋打勻，再加入熔化的奶油繼續攪拌，最後加入檸檬汁拌勻。

打開烤箱，把已經烤好的塔皮移出來一點，然後將上述攪拌好的餡料直接倒進塔皮，這樣我就不必端著盛滿流質餡料的塔皮在廚房走動，免得一不小心就溢了出來。我把餡料加到幾乎盛滿塔皮，距離塔皮頂端只剩下0.3公分左右，然後推回烤箱烘烤**15分鐘**。

在烘烤的過程中，餡料會開始膨脹然後烤熟變硬。烤至移動烤盤時，塔裡的餡料不會晃動，就可以取出冷卻，放進冰箱冷藏**1小時**。

délicieuse
et super >
acide

酸溜溜的滋味真是甜蜜！

 皮耶‧艾曼的私房分享

檸檬塔冷卻之後，我還可以在上面點綴草莓，或是佐以壓碎的草莓來搭配。

Pierre Hermé
et moi

Marmelade de citron 帶皮檸檬果醬

可製作2罐

塗在烤麵包上或搭配無限檸檬起司蛋糕（見P.36）食用都非常美味。

檸檬　　　　　水　　　　　砂糖　　　　小荳蔻粉　　　薑泥
500公克　　　75公克　　　250公克　　1小撮　　　　1小撮

首先把檸檬放進煮鍋，加水淹過檸檬（不是材料表列的水喔，是要另外加水！），然後開火加熱。煮至沸騰後把火轉小，持續燉煮30分鐘。

接著把檸檬瀝乾，把水倒掉。切除檸檬兩端後再切成四等分。挑除種子，用食物攪拌器打成泥。

再來把水和砂糖放進鍋中加熱，並用料理溫度計測溫。當溫度達到115℃時，即可加入檸檬泥、小荳蔻粉、薑泥，仔細拌勻。

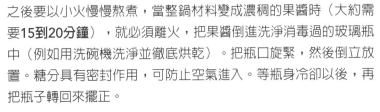

之後要以小火慢慢熬煮，當整鍋材料變成濃稠的果醬時（大約需要15到20分鐘），就必須離火，把果醬倒進洗淨消毒過的玻璃瓶中（例如用洗碗機洗淨並徹底烘乾）。把瓶口旋緊，然後倒立放置。糖分具有密封作用，可防止空氣進入。等瓶身冷卻以後，再把瓶子轉回來擺正。

   果醬可常溫保存6個月，不過開封後只能保存10天。

35

小姐拜託一下，
做蛋糕的時候，不要在上面留下手印好嗎？

Pierre Hermé
et moi

Cheesecake Infiniment Citron 無限檸檬起司蛋糕

需提前一天製作

預備材料：

需準備120公克沙布雷鑽石餅乾（見P.72）供麵團製作。

塔皮

奶油	手指餅乾	檸檬汁
45公克	5塊	2顆量

內餡

Philadelphia 奶油乳酪 600公克	砂糖 170公克	動物性鮮奶油（打發鮮奶油）40公克	低筋麵粉 25公克	雞蛋 3顆	蛋黃 1個	檸檬皮屑 2顆量

將烤箱預熱至170℃。

我把沙布雷鑽石餅乾放進冷凍保鮮袋，用叉子壓成粉末狀。接著在大碗裡用橡皮刮刀把奶油壓碎，然後把　半的餅乾粉末加進去，攪拌到相當均勻後，再加入剩餘的餅乾粉末，繼續攪拌。

在烤盤上墊一張烤焙紙，再擺上一個直徑20公分、高4公分的圓形慕斯模，將上述餡料用湯匙盛入模型中。然後用湯匙壓平餡料，使它均勻鋪平在整個模型底部。

接著放進烤箱烘烤**12分鐘**。

把手指餅乾縱向切成兩半，快速浸入檸檬汁後取出，放在網架上瀝乾備用。

**沙布雷鑽石餅乾底烤好之後，
把烤箱溫度調降到90℃。**

我把Philadelphia奶油乳酪放進一個大圓底盆，用橡皮刮刀壓平，然後加入麵粉，仔細拌勻。

接著在另一個大碗裡用手指攪拌砂糖和檸檬皮屑，使檸檬香氣散發出來，然後把檸檬皮屑及砂糖一起加入奶油乳酪中攪拌均勻後，將雞蛋和蛋黃分四次加入，過程中努力攪拌。如果是使用攪拌機的槳狀攪拌器進行攪拌，我會用橡皮刮刀伸進攪拌缸底部多攪拌幾下，以確保沉在底部的材料能完全拌勻。最後加入鮮奶油，繼續攪拌。

把手指餅乾均勻鋪放在烤好的餅乾底上，然後把餡料倒入直到鋪滿。用抹刀壓在模型上將餡料表面刮平，然後放入烤箱烤**1小時**。

我會輕輕敲擊模型的邊緣，以確認烘烤狀態。如果蛋糕表面會形成小波浪，就要再多烤**10分鐘**。敲擊的時候，蛋糕表面略微顫動是正常的，但如果形成小波浪就代表還沒完全烤熟。

我把起司蛋糕取出後讓它冷卻，然後放入冰箱冷藏**一整夜**。

隔天在蛋糕表面鋪滿帶皮檸檬果醬，用刀子沿著慕斯模周圍劃一圈，幫助蛋糕脫模。食用前**1小時**就要從冰箱取出回溫。

可冷藏保存2到3天。

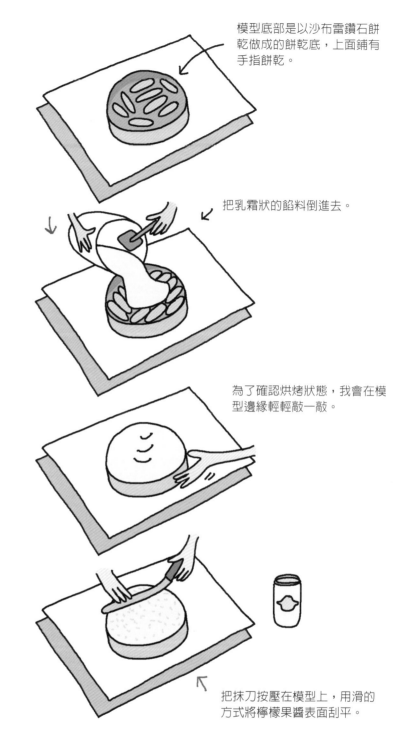

模型底部是以沙布雷鑽石餅乾做成的餅乾底，上面鋪有手指餅乾。

把乳霜狀的餡料倒進去。

為了確認烘烤狀態，我會在模型邊緣輕輕敲一敲。

把抹刀按壓在模型上，用滑的方式將檸檬果醬表面刮平。

皮耶‧艾曼的私房分享

起司蛋糕冷卻以後，還可以在表面塗上一層薄薄的帶皮檸檬果醬（見P.34），口感會更濃郁，香氣、苦味、酸度的對比層次也會更加豐富。

*Pierre Hermé
et moi*

Riz au lait vanillé 香草牛奶米布丁

需提前一天製作

圓米
（如Arborio牌）
125公克

全脂牛奶
600公克

香草莢和香草籽
2根

鹽之花
1小撮

砂糖
30公克

馬斯卡彭乳酪
400公克

把香草莢縱向切成兩半，在香草莢內側用刀尖從一頭刮到另一頭，取出香草籽。

將香草莢和香草籽都放進牛奶中，加熱到沸騰即可離火，用耐熱保鮮膜覆蓋鍋子**30分鐘**，讓香草浸泡出味。

讓香草浸泡出味

接著把牛奶過篩以濾除香草莢等纖維部分，我會用力擠壓香草莢，以搾取最多的香味，並讓香草籽留在牛奶中。這時把香草牛奶重新倒入鍋中，加入圓米、鹽之花和砂糖攪拌均勻後開火加熱。煮到沸騰之後，必須馬上轉成小火，慢慢地熬煮約**20分鐘**，要經常攪拌，否則很容易黏鍋。米粒煮到彈牙即可，絕不可以讓它變得軟爛。

最後把杳草牛奶飯倒入20公分的深盤，用保鮮膜
封好，冷卻**2小時**後放入冰箱冷藏**一整夜**。

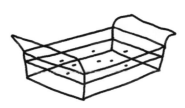

第二天

把馬斯卡彭乳酪放進碗裡攪拌，使它的質地更加滑稠細緻。接著加入冷藏一晚的香草牛奶飯並加
以攪拌。拿出小碗，準備大快朵頤吧！

皮耶‧艾曼的私房分享

這道米布丁刻意做得不太甜，這樣就可以另外加入蜂蜜、
覆盆子、草莓、奇異果、煮熟的水果，或用茶和檸檬汁熬
煮的茶香椰棗（見P.40）等等，變化出更加豐富的滋味。

Pierre Hermé
et moi

Dattes au thé 茶香椰棗

需提前一天製作

椰棗
200公克

水
100公克

伯爵紅茶葉
12公克

砂糖
5公克

檸檬汁
10公克

Tabasco®
塔巴斯科辣椒醬
1滴

首先把水倒進鍋中加熱,在即將沸騰時把伯爵紅茶放入浸泡**3分鐘**,注意絕對不要超過3分鐘,否則味道會太濃,口感反而不好。然後把茶葉濾除(不要擠壓茶葉)。

接著把整顆含核椰棗放入另一鍋中,倒入熱茶至完全覆蓋,然後加入砂糖、檸檬汁和塔巴斯科辣椒醬。

我用非常小的小火煮上**15分鐘**,然後倒入另一個容器,用保鮮膜覆蓋,置於室溫中讓它浸泡**一整夜**。

第二天

把椰棗瀝乾、去核,縱向切成6至8塊,然後放進冰箱冷藏即可。

我會將茶香椰棗搭配米布丁或原味優格來品嘗,你也可以試試。

Crème caramel 焦糖布丁

焦糖

砂糖
400公克

奶油
（鹽含量3%以下）
20公克

布丁餡

全脂牛奶
1公升

柳橙皮屑
1顆量

香草莢和香草籽
4根

砂糖
270公克

蛋黃
6個

雞蛋
8顆

首先將香草莢縱向對切，刮取香草籽，然後全部放進牛奶中一起加熱。離火之後用耐熱保鮮膜覆蓋，浸泡**30分鐘**使香草出味。

然後再利用這段時間準備底部所需的焦糖。

把砂糖放入鍋中用大火加熱。等到砂糖開始熔化時，就要立刻把火轉小，以免煮焦。我會用木杓攪拌，再加入一點糖，等熔化之後繼續加些糖。這段期間必須不斷攪拌。由於砂糖熔化得很慢，要非常有耐心才行。

所有糖粒都要完全熔化。然後焦糖開始起泡，在看到一些小白點開始浮現時，就要讓鍋子離火，加入奶油攪拌。等奶油熔化以後，把焦糖液倒入直徑**25公分**、高**5公分**的圓形烤模。在焦糖凝固硬化這段時間裡，我要來做布丁餡。

皮耶·艾曼的私房分享

你覺得雞蛋太多了嗎？其實我們早餐吃敲敲蛋時，經常也是一人吃兩顆喔！焦糖布丁和柳橙的搭配可以讓口感非常細緻，不過不加柳橙一樣很好吃。

將烤箱預熱至130℃。

把砂糖和柳橙皮屑放進圓底盆裡攪拌。

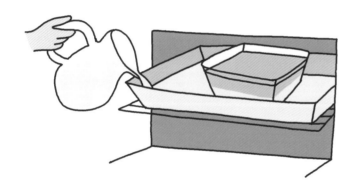

接著將所有蛋黃和雞蛋打進另一個圓底盆裡攪拌均勻，再把蛋液
倒入砂糖和橙皮的盆中攪拌。拌勻後即可將香草牛奶過濾加入，並用力
擠壓香草莢，以搾取最多最濃的種籽及香氣。最後再仔細拌勻。

我把底部有焦糖的烤模放在另一個較大的烤盤上，因為要以隔水加熱方式進行烘烤。

確定焦糖底凝固之後，再倒入布丁餡。我把大小盤整個放入烤箱，在外盤加水到半滿，這樣就不
需要在烘烤過程中再補水進去。烘烤時間是2小時。

把布丁取出時，如果中央部分會稍微震動，但邊緣不會，就表示已經烤熟了。焦糖布丁在冷卻後
食用為佳。如果表面殘留一層水分，我會用紙巾小心地把水分吸除。

用尖刀在布丁邊緣劃一圈，使它與烤模分離。
然後用一個平盤蓋住烤盤，迅速倒扣過來。

皮耶・艾曼的私房分享
建議選用康寧百麗（Pyrex）的耐熱玻璃圓形烤盤，這樣布丁看起來會比較漂亮。

43

Pierre Hermé
et moi

Cake Infiniment Vanille 無限香草蛋糕

全脂牛奶
25公克

香草莢和香草籽
1根

奶油
170公克

糖粉
125公克

杏仁粉
170公克

蛋黃
3個

蛋白
3個

雞蛋
1顆

砂糖
40公克

低筋麵粉
80公克

首先把香草莢和香草籽加入牛奶中一起煮沸。

→

耐熱保鮮膜

鍋子離火，讓香草浸泡**30分鐘**出味。

→

用篩網濾除香草莢和其他纖維。

→

仔細擠壓香草，以搾取最多的香味。

皮耶・艾曼的私房分享

蛋糕倒扣後，外觀比較完美平滑，也比較容易進行裝飾。

將烤箱預熱至170℃。

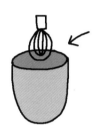

把室溫奶油放入攪拌缸以高速攪拌後，再加入糖粉和杏仁粉。混合材料會隨著攪拌，顏色逐漸泛白，攪拌**5分鐘**之後加入蛋黃攪拌，再加入雞蛋繼續攪拌，最後加入香草牛奶，進行最後一輪的攪拌。此時混合材料應該呈現輕爽的質地。

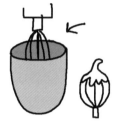

在另一個攪拌缸中把蛋白打成白雪霜狀。當蛋白開始打發起泡時，就慢慢分次加入砂糖，同時繼續攪拌。蛋白霜打到可如鳥喙狀垂立時，即可停止攪拌。

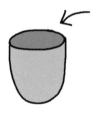

將蛋白霜分三次加入奶油糊中，同時用橡皮刮刀輕輕攪拌，使材料質地混合得更加均勻滑順。最後把麵粉分兩次加入，輕柔地攪拌至均勻。

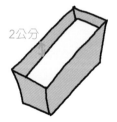

取一個方形蛋糕模，在模型內側塗抹奶油並撒上一些麵粉，即可倒入上述餡料約8分滿，使餡料表面與蛋糕模頂距離2公分。然後放入烤箱烘烤**45分鐘**。

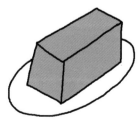

我會用刀子確認烘烤狀態，將刀子插入蛋糕內，拔出時刀刃如果非常乾淨沒有沾黏麵糊，就表示烘烤完成。

自烤箱取出後靜置**5分鐘**，再把蛋糕從模型中取出。我都是把蛋糕倒扣放置在網架上，蛋糕會比較美觀。

Pierre Hermé
et moi

Cake Ispahan 玫瑰覆盆子蛋糕

玫瑰糖漿
（Monin牌）
40公克

全脂牛奶
25公克

奶油
170公克

糖粉
110公克

杏仁粉
170公克

蛋黃
3個

蛋白
3個

雞蛋
1顆

砂糖
40公克

低筋麵粉
80公克

糖漬荔枝
1罐

新鮮覆盆子
125公克

玫瑰風味果仁糖
（praliné）
100公克

紅玫瑰花瓣
4片

杏桃果醬
1湯匙

46

玫瑰糖漿　牛奶

容器1

容器2

容器3

將烤箱預熱至160℃。

把玫瑰糖漿和牛奶放入容器1攪拌。

然後把室溫奶油放進容器2，以高速攪拌，把一些空氣混入奶油中（這道程序叫做「灌氣」）。然後再加入糖粉及杏仁粉一起攪拌，直到材料混合均勻、顏色變白。此時再加入蛋黃及全蛋，並攪拌至起泡，再把容器1的材料倒進來。

把蛋白放入容器3，打發成白雪霜狀。開始打發起泡時，砂糖需分次慢慢加入攪打。蛋白霜打至可如鳥喙狀垂立時，便停止攪拌。

將蛋白霜分成三次加入奶油糊中，同時用橡皮刮刀柔和地攪拌，使餡料鬆滑細緻。最後把麵粉分兩次加入，輕柔地攪拌至均勻。

把荔枝瀝乾，盡量擠出水分，然後將每顆荔枝切成四等分，放在廚房紙巾上吸除多餘水分。

然後取一個方形蛋糕模，在內側塗上奶油（為了避免把手弄得油油的，我會用毛刷進行這個步驟）並撒上一層麵粉；然後把蛋糕模翻過來輕輕拍打，以抖除多餘的麵粉。

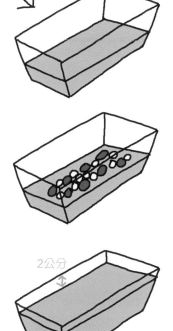

接著在模型內倒入一層奶油餡。然後我把12顆覆盆子都裹上麵粉，以防它沉入蛋糕最底部。覆盆子要排在靠近中央的位置，並與荔枝交錯排放。然後再次倒入一層奶油餡、排上水果，重複上述程序，直到高度距離模頂2公分。接著把蛋糕模放在工作檯上輕敲幾次，以去除內部包覆的空氣，然後放入烤箱烘烤55分鐘。

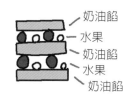

- 奶油餡
- 水果
- 奶油餡
- 水果
- 奶油餡

自烤箱取出後，倒扣靜置於網架上5分鐘再進行脫模，再靜置冷卻2小時即可。

哐啷
壓碎

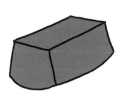

c'est l'heure du goûter

我會利用鍋子底部將玫瑰風味果仁糖壓碎。為了讓果仁糖碎粒與蛋糕緊緊黏合，我會在蛋糕表面先抹上一層薄薄的杏桃果醬，撒上果仁糖碎粒後，再擺上4片玫瑰花瓣，就大功告成了。

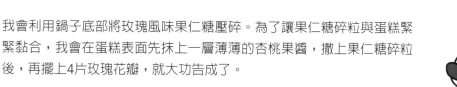

瀰漫玫瑰香氣的午茶時光

Pierre Hermé
et moi

Mousse au chocolat 巧克力慕斯

黑巧克力
（可可含量70%）
340公克

全脂牛奶
160公克

蛋白
8個

蛋黃
2個

砂糖
40公克

首先將巧克力切成小塊，放進鍋中以隔水加熱方式煮至熔化，或者放入微波爐加熱（以450W功率加熱5分鐘）。

利用這段時間把牛奶煮沸，然後慢慢淋在熔化的巧克力上（這時巧克力還呈現塊狀，但已經變軟了）。
把牛奶和巧克力攪拌到質地均勻滑潤，就是甘納許（ganache）了，然後加入蛋黃拌勻。

接著開始打發蛋白，至形成泡沫狀，就可以加入砂糖。砂糖要很慢很慢地分次加入，以免蛋白結塊。

把打好的蛋白霜分數次倒入甘納許中，並用橡皮刮刀輕輕拌勻，即可把慕斯餡倒入大碗中，放入冰箱冷藏1小時即可。

我都是用一手拿著橡皮刮刀由下往上攪拌，另一手則不斷旋轉容器。

皮耶·艾曼的私房分享

有一點很重要，就是牛奶必須與巧克力的溫度相同才行；如果我把很熱的牛奶倒進冷涼的巧克力裡，
這道甜點就毀了。至於巧克力，我則是對法芙娜（Valrhona）情有獨鍾。

這道巧克力慕斯可以怎麼吃：

- 搭配烤甜土司及柳橙果醬。
- 用少許奶油翻炒蘋果片搭配食用（不過蘋果不要炒太熟）。
- 搭配覆盆子。
- 搭配蘋果和肉桂。
- 搭配西洋梨。
- 混搭蘋果和西洋梨。
- 搭配糖漬柳橙⋯⋯等等。

Il appelle ça
"customiser"
une mousse au
chocolat.

皮耶·艾曼說，
這樣就可以打造出千變萬化的「客製化巧克力慕斯」。

Pierre Hermé
et moi

Gâteau au chocolat 巧克力蛋糕

黑巧克力
（可可含量50%）
250公克

常溫奶油
250公克

砂糖
200公克

雞蛋
4顆

低筋麵粉
70公克

烤箱預熱至
180℃

我拿著巧克力連同包裝在
工作檯邊緣敲打

巧克力

以小火隔水加熱

奶油＋砂糖
（用槳狀攪拌器攪拌）

一次加入1顆雞蛋

攪拌1分鐘後再
加入下一顆

拌一拌巧克力，確認
是否熔化了
（熔化了即離火）

我把巧克力倒進裝
有奶油、砂糖和雞
蛋的攪拌缸中

攪拌

攪拌

加入麵粉，繼續攪拌

品嘗一口……
已經超好吃了

陶醉

人好吃了啦！

我把巧克力餡料倒進抹
過奶油的蛋糕模中

餡料會自動鋪平，完全
不需要再去抹平

放入烤箱烤30分鐘

我用刀子檢查烘烤程度

大功告成

可以來
吃了

蛋糕中心必須柔軟，
刀刃拔出來大致是乾淨的

表面裂開了，實在是太美了！

我真的有夠
離譜

我克制不住，把整個蛋糕都
吃掉了……

Pierre Hermé
et moi

Tarte fine au chocolat 巧克力薄塔

預備材料：

需提前一天準備好甜塔皮（見P.22）

鬆脆層餡料

黑巧克力
（可可含量70%）
20公克

奶油
10公克

杏仁或榛果口味的
果仁糖
（pralinè）
90公克

Gavottes®捲餅碎片
（壓碎到相當於Corn flakes®
玉米脆片的大小）
30公克

甘納許

動物性鮮奶油
225公克

黑巧克力
（可可含量70%）
200公克

奶油
50公克

直徑23公分、高2公分的圓形慕斯模

將烤箱預熱至170℃

把麵團擀開成為比模型大1公分的圓片，然後放在事先墊有烤焙紙的烤盤上。用叉子戳出一些孔洞，可避免烘烤時塔皮出現氣泡變形。
放入烤箱烘烤15分鐘。

自烤箱取出後，把圓形慕斯模放在塔皮上按壓，切出圓片。模型留著不拿起來，因為之後還要填入鬆脆層餡料。

製作鬆脆層餡料

把巧克力和奶油放入同一個容器，然後放入微波爐，以600W功率加熱2分鐘直到完全軟化，或者隔水加熱。
接著用橡皮刮刀拌勻，加入果仁糖後繼續攪拌，然後再加入Gavottes捲餅碎片。
這時要很輕很輕地攪拌，以免把餅乾碎片攪爛。
最後把上述的鬆脆層餡料倒進模型中，然後用湯匙背面或抹刀抹平表面。

製作甘納許

先加熱動物性鮮奶油，並用木杓攪拌。
接著如同製作巧克力慕斯一樣，讓巧克力慢慢熔化：把巧克力打碎，放進容器中，倒入1/3的熱鮮奶油，靜置30秒。
接著用橡皮刮刀攪拌均勻。
鮮奶油與巧克力完全融合後，再倒入1/3鮮奶油攪拌均勻，最後倒入剩下的鮮奶油拌勻。
把奶油切成小塊後加入，這樣比較容易拌勻。
最後把攪拌完成的甘納許倒進模型中即可。

把成品放入冰箱冷藏2小時。取出後，用浸泡過熱水的刀子便能替巧克力薄塔脫模。

我會等巧克力薄塔回溫後，與親友分享這道甜點。

找用力壓

嘎吱！

卡滋！

53

Pierre Hermé
et moi

Ananas rôti caramélisé 焦糖烤鳳梨

鳳梨
1顆
（1.5公斤）

香草莢和香草籽
2根

砂糖
125公克

香蕉
1/2根

薑
6片

牙買加辣椒
3根

水
1/2杯

蘭姆酒
1湯匙

將烤箱預熱至230℃。

我不一定會用「維多利亞（Victoria）」品種的鳳梨，有許多其他品種都非常美味，不過必須是熟透的才行。先把鳳梨頂部的葉冠切除，然後削去頭尾兩端。接著把鳳梨立起來，一片一片地把外皮切掉。技術夠好的人可以巧妙掌握切除的厚度，把皮和「眼睛」（果肉上的褐色凹洞）切除，只留下果肉。

啉

啉

「眼睛」

皮耶‧艾曼的私房分享
乾燒不加水的焦糖會有更香醇濃郁的焦糖風味。

現在要來準備乾燒焦糖。先開火加熱鍋子，然後慢慢倒入砂糖。這時如果開始冒煙，就表示鍋子不夠乾淨，得重新用乾淨的鍋子來煮才行。砂糖很快就會熔化成紅褐色的液體，看起來就讓人垂涎三尺。

把香草莢縱向對切刮取香草籽。鍋子離火之後，加入薑片、香草籽和辣椒，然後用打蛋器攪拌，再加入蘭姆酒和事先壓碎的香蕉。將鍋子放回爐子上開火加熱到沸騰，過程中必須不停地攪拌，絕對不可以讓糖硬化。

接著把鳳梨放進一個比它略大一點的烤盤，淋上含有豐富材料的皮耶式超級焦糖醬。我會馬上把鍋子拿去泡水，等一下才比較容易清洗。然後把烤盤放入烤箱烘烤1小時。

每隔10分鐘，我都會把烤盤拉出來，在鳳梨上再淋上一點焦糖醬（原理跟烤肉差不多）。烤到一半時，把鳳梨翻面，在盤底加一點水。如果烤盤太大，液體會蒸發得比較快，添加的水量就需要更多。如果鳳梨很熟的話，烘烤過程中會有不少水分跑出來，那就不需要再加水。

烘烤完成自烤箱取出後，把鳳梨放在砧板上，用一支大叉子叉進底部握緊，這樣切鳳梨時才能比較輕鬆。

淋上焦糖醬

拉出烤盤

切片

咻

55

把鳳梨切成圓片，去除中間的硬芯，再切成長條形。
食用前別忘了把辣椒籽拿掉喔！

Moi, je le mange comme du maïs.

我決定整個拿起來像啃玉米那樣吃。

皮耶·艾曼的私房分享

享用這道焦糖烤鳳梨時，可以搭配椰子冰淇淋、焦糖冰淇淋或綠檸檬冰淇淋，並在鳳梨上撒一些綠檸檬皮屑。

Pierre Hermé
et moi

Salade de fraises et menthe 草莓薄荷沙拉

水	砂糖	薄荷葉	Pippermint Get®	新鮮有機草莓	綠檸檬皮屑
250公克	50公克	20片	薄荷糖漿	1公斤	1顆量
			1茶匙		

首先把水和砂糖放進鍋中加熱。

離火後加入10片大致切碎的薄荷葉。把剩下的10片薄荷葉放進塑膠袋封好備用。我用耐熱保鮮膜封住鍋子，浸泡**30分鐘**讓薄荷葉出味。

接著過濾薄荷糖水，加入薄荷糖漿，沙拉醬汁就完成了。

草莓不用清洗，直接縱向切成兩半（如果草莓很大，就要切成4片）。我把草莓放進美麗的沙拉缽，用磨泥器磨出一些綠檸檬皮屑，然後加入薄荷醬汁，小心翼翼地略加攪拌。

享用前，把剩下的薄荷葉剪成細條撒在草莓上即可。

皮耶·艾曼的私房分享
Pippermint Get®糖漿用來加入水果沙拉醬汁具有很好的調味作用，它可以強化薄荷風味，而且聞起來完全不像人工製品。

Salade de fruits jolie

可提前一天做好

醬汁						
	水 250公克	砂糖 50公克	檸檬皮屑 1顆量	柳橙皮屑 1顆量	香草莢和香草籽 1根	薄荷葉 10片 （5片＋5片）

沙拉						
	木瓜 1顆	芒果 1顆	芭樂 3顆	鳳梨 1顆 （1.5公斤）	奇異果 4顆	葡萄柚、柳橙 各1顆

沙拉裝飾				
	奇異果 1顆	有機草莓 1公斤	覆盆子 10顆	藍莓 1/2小盒

58

皮耶・艾曼的私房分享

我在勒諾特（Lenôtre）工作時學到一個竅門：水果一定要切片，因為切丁看起來會很
像罐頭水果。
芭樂的質地跟蘋果差不多，它帶有隱約的玫瑰香氣。
我不喜歡使用大顆的桑椹，因為大顆桑椹通常比較淡而無味。
我不用香蕉，因為它會使其他所有水果都染上香蕉的味道。
我個人覺得蘋果用在水果沙拉裡效果很普通，不如直接大口吃。

準備醬汁：把香草莢縱向切開刮出香草籽，然後把砂糖、檸檬皮屑、柳橙皮屑、香草莢及香草籽都放進水裡煮沸。離火後，加入已大致切碎的5片薄荷葉，讓它浸泡**30分鐘**出味。

水果去皮。所有水果都要完全熟成才行，不然我就不會加進沙拉。

先把木瓜和芒果的頭尾兩端切除，削去外皮。
如果水果已經過熟了、果肉變得很軟，這時就用刀子把皮剝除。

接下來芭樂也要削皮。

鳳梨去皮、去除「眼睛」以後縱向切成4塊，然後切除中間的硬芯。

把木瓜切成兩半，挖除種籽，再切成薄片。

奇異果去皮，其中3顆對切成兩半後再切成薄片。第4顆也以相同方式處理，不過保留作為裝飾之用。

把柳橙和葡萄柚的皮剝除。柳橙果肉一瓣瓣剝下，分別切成兩半，不然入口時會太大塊。如果手中的柳橙還有果肉，我會在沙拉缽上方擠一擠，收集剩餘橙汁。

手掌握住整顆柳橙，用刀剝出瓣片

橫向把葡萄柚切成兩半，這樣可以很容易取得果肉，然後每瓣再對切。

我會直接用手在沙拉缽裡攪拌水果（沒錯，是用手，這樣才不會破壞果肉形狀）。

仔細去除果皮的白膜，因為它吃起來有苦味

食用前，摘除草莓的蒂頭，縱向切成兩半，內側朝上沿著沙拉缽邊緣排列，形成好看的環狀花圈。

將剩下的奇異果片均勻排放在覆盆子和藍莓之間做點綴。也可以再加入一些水蜜桃片、杏桃片……

最後淋上醬汁，撒上切成細絲的5片薄荷葉就大功告成。

Pierre Hermé
et moi

Meringue 瑪琳蛋白霜

蛋白
2個

砂糖
2份各50公克

糖粉
少許

皮耶‧艾曼的私房分享

瑪琳蛋白霜可以用來製作三種美味甜點：蒙布朗（見P.62）、香堤瑪琳蛋白霜、冰淇淋瑪琳蛋白霜（見P.61）。

將烤箱預熱至120℃。

打發蛋白，至開始起泡時，慢慢加入50公克砂糖。當蛋白霜可如鳥喙狀垂立時，再加入50公克砂糖，並用橡皮刮刀由上往下輕輕攪拌。

60

在烤盤上墊一張烤焙紙，然後擠上前述的蛋白霜。如果是製作蒙布朗，就把蛋白霜擠成直徑4公分的小球，如果是做香堤瑪琳蛋白霜或冰淇淋瑪琳蛋白霜，就擠成8公分的長條。

長條蛋白霜撒上糖粉，間隔15分鐘後再撒一次。
把蛋白霜放入烤箱烘烤1小時。
然後把溫度調到90℃，繼續烘烤2小時30分鐘。

可以預先做好上述的蛋白糖，只要放在密封塑膠罐裡，就能常溫保存1個月。

皮耶‧艾曼的私房分享

每次吃香堤瑪琳蛋白霜時，我就會想起在Lenôtre工作的時光。
在那段日子裡，我們只有在星期天才會製作香堤蛋白霜。

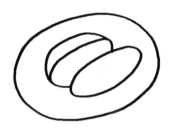 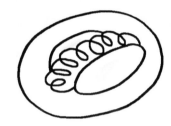 

香堤瑪琳蛋白霜

在冰涼的甜點盤裡，並排放上2塊蛋白霜（瑪琳糖），中間擠入相當多的香堤鮮奶油（見P.62），然後撒上一些杏仁片（事先以120℃烘烤杏仁片12分鐘）就大功告成。

冰淇淋瑪琳蛋白霜

在冰涼的甜點盤放上2塊蛋白霜，中間舀入2杓冰淇淋（口味可以隨心所欲挑選），然後在上面擠一些香堤鮮奶油就大功告成。

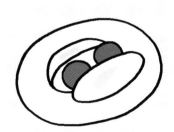 

Pierre Hermé
et moi

Mont-blanc à ma façon 皮耶版蒙布朗

盡可能在食用前1個小時製作

我需要8個以8公分蛋糕模製作的甜塔皮（見P.22），以及8顆球形的瑪琳蛋白霜（見P.60）。

栗子餡

栗子泥　　　　栗子醬　　　　栗子奶油　　　褐色蘭姆酒
250公克　　　 125公克　　　 125公克　　　 7公克

香堤鮮奶油

* 動物性鮮奶油在使用前可以放進冷凍庫
　冰30分鐘較易打發。

動物性鮮奶油　　　砂糖　　　　　　　玫瑰果果醬
500公克　　　　　 40公克　　　　　　 100公克

製作栗子餡

把栗子泥和栗子醬放進攪拌缸中拌勻，不要留有任何結粒。等拌至質地細緻柔滑時，加入
栗子奶油繼續攪拌，然後加入蘭姆酒拌勻。

把上述完成的栗子餡擠壓過篩，並且注意不可留有任何顆粒，以免堵塞擠花嘴。

製作香堤鮮奶油

可以手工或使用電動攪拌器打發香堤鮮奶油，不過力道要輕柔。
將鮮奶油和砂糖放進圓底盆中攪拌打發。我不會過度攪拌，因為鮮奶油不可以打到變硬，
但要打發至將盆子倒過來時，它能黏附在盆內不會流下的程度。

皮耶・艾曼的私房分享

如何品嘗香堤鮮奶油最美味？以冷藏溫度（4℃）食用最佳，並且要放在冰涼的盤子裡。我們
甚至可以像喝香檳或白酒時那樣，把它冰鎮在充滿冰塊的冰水裡。

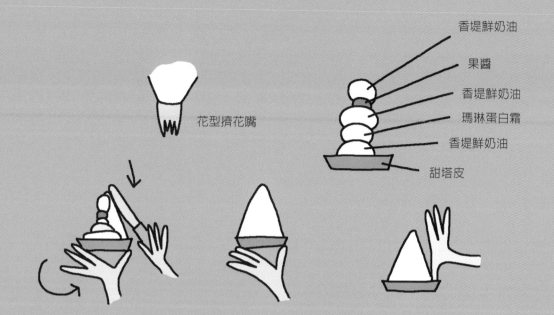

花型擠花嘴

香堤鮮奶油
果醬
香堤鮮奶油
瑪琳蛋白霜
香堤鮮奶油
甜塔皮

組合蒙布朗

把香堤鮮奶油舀入裝有花型擠花嘴的擠花袋。先在甜塔皮上擠出一球香堤鮮奶油，然後擺上一球瑪琳蛋白霜，再擠出一球香堤鮮奶油，然後放上一小匙玫瑰果果醬，最後頂端再擠上一球香堤鮮奶油。接著用小抹刀把香堤鮮奶油往下塗抹整形成圓錐狀。然後用拇指在塔皮底部劃出一圈細溝，預留之後要擠上一圈栗子泥的位置。

接下來，把栗子餡舀入裝有多孔擠花嘴的擠花袋。栗子餡必須是在室溫狀態，太冰冷的話餡料會太硬，擠的時候很容易斷掉。我把小圓塔放在蛋糕轉檯上，先在底部擠出一圈栗子泥，然後繼續沿著錐體向上來回擠出帶狀的栗子泥，直到把整個小塔表面都覆蓋住。最後，在頂端擠出一球香堤鮮奶油花就大功告成。

多孔擠花嘴

皮耶・艾曼的私房分享
玫瑰果果醬可以加強延伸栗子的風味，它有一種細緻的酸味，能突顯栗子的味道。
我父親做這道甜點時不是以塔皮墊底，而是把它裝在小紙盒裡。他把它稱為「栗子火炬」。
他都自己做栗子醬，而我的專屬特權則是幫忙剝栗子皮。

Pierre Hermé
et moi

你還沒擠完喔？

這個皮耶葛格有夠龜速！

Pâte à choux 泡芙

可製作8個泡芙

全脂牛奶
100公克

水
100公克

砂糖
1平茶匙

鹽之花
1平茶匙

奶油
90公克

低筋麵粉
110公克

雞蛋
4顆

杏仁碎粒
100公克

粗粒砂糖
100公克

將烤箱預熱至250℃。

將牛奶、水、砂糖、鹽之花、奶油一起放入鍋中加熱到沸騰。離火後，加入麵粉用木杓仔細攪拌均勻，然後再重新回到爐子上，用中火煮**2分鐘**，使材料略微收汁，期間需不斷以木杓攪拌。這時餡料的光澤度較低，看起來像馬鈴薯泥。

然後把煮好的餡料倒入圓底盆，開始把雞蛋加進去。一次只能加入1顆蛋，用木杓攪拌至完全均勻後，才能再加下一顆。打最後一顆蛋之前，要先觀察餡料的濃稠度，再決定要加一整顆蛋還是半顆就好。

如何才能知道餡料完成了？

不能太稀

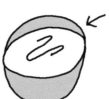
用杓子或其他工具在麵糊表面來回劃時，會留下痕跡，而且痕跡不會立刻消失。

烤盤鋪上一張烤焙紙。把泡芙麵糊舀進裝有擠花嘴的擠花袋，擠出直徑大約5公分的圓麵糊，然後非常豪氣地在表面撒上粗粒砂糖和杏仁碎粒。

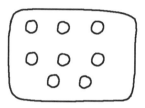
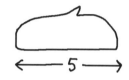

把泡芙放入烤箱以後立刻關火，讓泡芙在裡面燜20分鐘。

然後再重新加熱，這次將溫度調到180℃，烘烤15至20分鐘。烘烤過程中，我會把烤箱門打開兩次，讓裡面的溼氣排出。

泡芙從烤箱取出後，必須立刻把它移到網架上，以免底部累積溼氣。

Pierre Hermé
et moi

Crème anglaise 英式奶油醬

需提前一天準備

吉利丁片	綠荳蔻種籽	動物性鮮奶油	砂糖	蛋黃	馬斯卡彭乳酪	帶皮柳橙果醬	有機草莓
2片	8顆	250公克	60公克	3個	250公克	100公克	250公克

開始正式製作的**20分鐘之前**，要先把吉利丁片放進大量冰水裡吸水軟化。

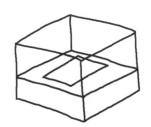

用刀子把綠荳蔻種籽切碎或用擀麵棍壓碎，使它釋放出最多的香氣。然後將鮮奶油和綠荳蔻種籽放入鍋中開火煮到沸騰。

鍋子離火，用耐熱保鮮膜封起來，讓荳蔻種籽浸泡**30分鐘**出味。

接著將砂糖和蛋黃放入圓底盆中攪拌，直到蛋黃顏色泛白。這時加入一半的鮮奶油，攪拌均勻後全部倒入另一半盛放鮮奶油的鍋中加熱。這時必須使用料理用溫度計來測溫，一邊用中火加熱一邊攪拌，待溫度達到83℃時立刻熄火。

將吉利丁片的水分擠乾備用。把上述鍋中的材料過濾一次，以濾除荳蔻種籽。加入吉利丁片仔細攪拌，使吉利丁熔化均勻。然後用保鮮膜把容器封好靜置（保鮮膜要緊密貼合餡料），直到材料溫度降為室溫，再放入冰箱冷藏**一整夜**。

第二天

我把前一天做好的奶油醬和馬斯卡彭乳酪一起放進圓底盆中，非常用力地攪拌均勻。
我會用橡皮刮刀把盆子邊緣上的乳酪和奶油醬刮回餡料中，繼續攪拌**3到4分鐘**。

皮耶・艾曼的私房分享

與一般人所想的恰恰相反，用馬斯卡彭製作的英式奶油醬，其實相當輕爽不油膩。

草莓星座甜心 Gourmandise Constellation

把草莓切成兩半。把英式奶油醬舀入裝有花形擠花嘴的擠花袋中。

切開泡芙頂端，用手指挖出一些空間。

在泡芙底部擠上一小坨英式奶油醬，以及一小坨帶皮柳橙果醬。

然後在泡芙頂端擠上一球鮮奶油花。

把切半的草莓排成扇形，彷彿它們是從泡芙裡生長出來的。最後在最頂端擠上一大球圓花狀的鮮奶油花。

卡米耶，這泡芙做得真好，我好想吃啊……
草莓裝飾成這樣真是令人食指大動啊　！

Sablés diamants 沙布雷鑽石餅乾

軟化奶油	香草莢和香草籽	砂糖	鹽之花	低筋麵粉
180公克	1根	80公克＋60公克	1/2茶匙	250公克

把香草莢縱向對切，刮取香草籽，然後用手工或使用攪拌機（槳狀攪拌器）將奶油和香草籽拌勻，再加入鹽之花和80公克的砂糖攪拌。我會用橡皮刮刀伸進攪拌缸底部拌一拌，使材料不會黏在缸底，然後用手指進一步攪拌，或重新啟動攪拌機拌勻。接下來要加入麵粉，攪拌時需留意要把刮刀伸進缸底刮一刮，因為總有一些頑強的奶油喜歡黏在底部。如果是用攪拌機打發，可以把速度調到高速。這樣餅乾麵團就完成了。

我把麵團分成3份，每份約170公克，然後把麵團整形搓成直徑約2公分、長30公分的圓條狀。如果要讓形狀更完美，可以拿一塊砧板，在上面來回滾動，就能順便把指痕消除。

接著把60公克的砂糖倒在烤焙紙中央，然後立刻把剛完成的餅乾麵團一一放下去來回滾動。由於麵團還有點熱度，而且我又這麼用心地在砂糖裡滾動它，因此表面的砂糖會沾附得非常密實。然後用保鮮膜包起來，放入冰箱冷藏2小時。

將烤箱預熱至170℃。

把長條狀的餅乾麵團並排在工作檯上，用刀切成1.5公分的厚片，看起來有點像早餐吃的小香腸。我需要2個烤盤才放得下這麼多餅乾。在烤盤上先墊一張烤焙紙，一一排入餅乾，每個間距4公分（以切面與烤焙紙接觸）。

皮耶‧艾曼的私房分享
我們也可以用其他種類的香料來代替香草，例如肉桂、番紅花、荳蔻等。

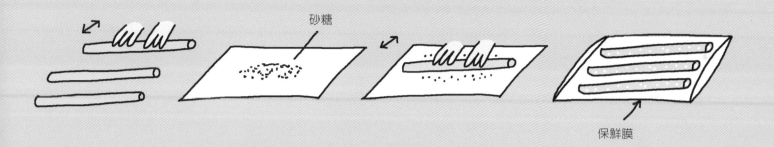

砂糖

保鮮膜

放入冰箱冷藏2小時

把有點難看的頭
尾兩端切除。

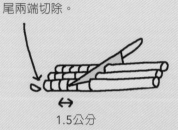

1.5公分

烤焙紙

烤盤

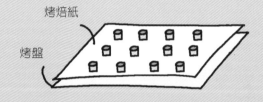

用烤箱烘烤**18分鐘**。烘烤過程中，我會把上下兩盤烤盤交換，使餅乾烘烤得更加均勻。鑽石餅乾必須烤成淺金褐色，而不是金黃色；金黃色表示烤得不夠久，吃起來會有麵粉還沒完全烤熟的味道。

totalement addictif

我已經吃上癮了！

皮耶・艾曼的私房分享

我會把這種鑽石餅乾打成小塊後放進無限香草布丁泡芙，這樣不只可以塑造有趣的口感對比，還會帶來驚奇的效果：我非常喜歡自己做的甜點能夠時時讓人驚喜、處處讓人驚豔。

Pierre Hermé
et moi

Sacristains 千層酥捲

千層麵皮
1包
（市售品）

砂糖
200公克

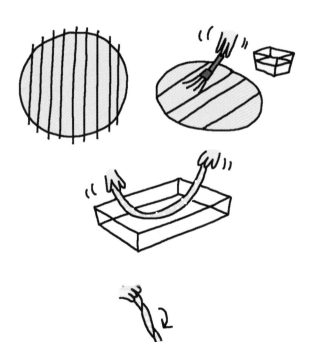

將烤箱預熱至180℃。

把麵皮擀開，切成3公分寬的長條狀，然後用毛刷沾水快速刷過表面，兩面都要刷。切記：麵皮刷過沾溼即可，絕不可以溼透。

接著把砂糖倒入烤盤，將長條麵皮兩面都沾上砂糖，所有麵皮都必須沾滿砂糖。

在另一個烤盤鋪上烤焙紙。

我從中間開始旋轉每一條麵皮，逐漸扭成螺旋狀，放入烤盤，並把兩端壓扁。

如果麵皮變軟，只要重新放進冰箱冷藏片刻，也可以一次只從冰箱取出1條使用。

放入烤箱烘烤**22分鐘**，並留意烘烤程度，避免千層酥捲烤得太焦。

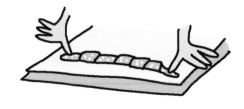

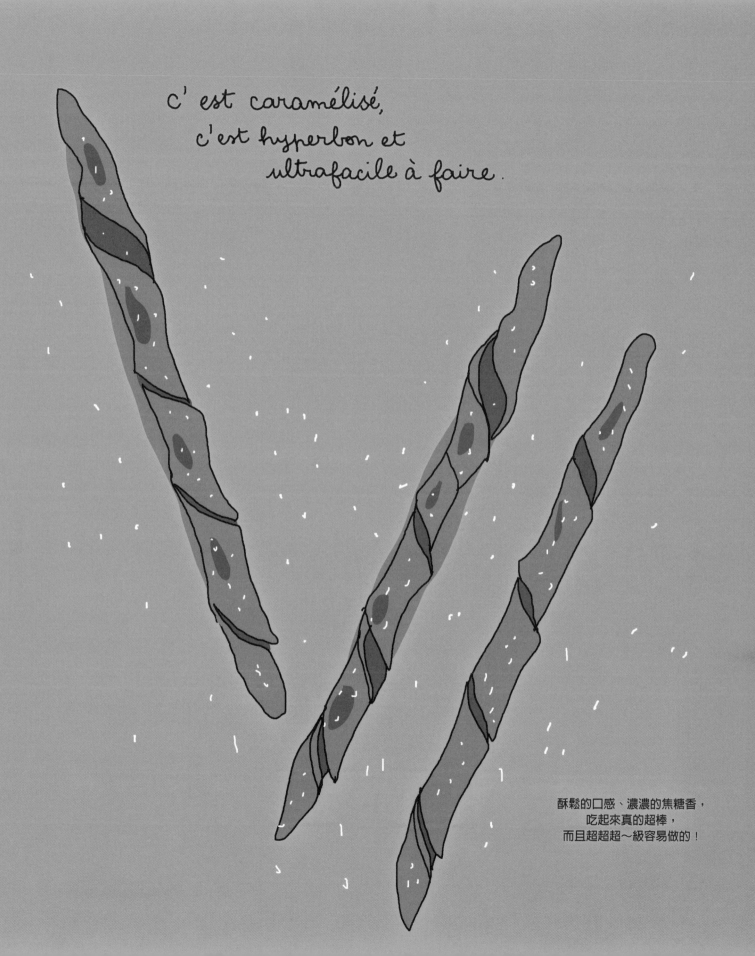

c'est caramélisé,
c'est hyperbon et
ultrafacile à faire.

酥鬆的口感、濃濃的焦糖香，
吃起來真的超棒，
而且超超超～級容易做的！

Charlotte aux poires 洋梨夏洛特

預備材料：
直徑20公分、高4公分的圓形慕斯模1個

水煮洋梨

水
1公升

檸檬汁
2顆量

砂糖
500公克

香草莢和香草籽
1根

西洋梨
1.5公斤
（Comice、Williams品種皆可，
但Conférence品種不宜）

慕斯餡

吉利丁片
4片

Williams Morand
洋梨酒
7.5公克

動物性鮮奶油
200公克

砂糖
15公克

煮熟瀝乾的西洋梨
250公克

醬汁

水
150公克

砂糖
100公克

Williams Morand
洋梨酒
50公克

組合&裝飾

手指餅乾
25片

糖漬栗子
200公克
（淨重）

皮耶‧艾曼的私房分享

香草跟洋梨一起煮可以帶出洋梨的風味,這也是我在Lenôtre那裡學到的。有一次我們做一道香草風味洋梨雪酪,簡直是天堂般的美味。那時我們得為6噸重的洋梨削皮,然後放進玻璃罐裡。那種工作規模簡直像是出自希臘神話世界,不過後來完成的雪酪真的令人無法忘懷。

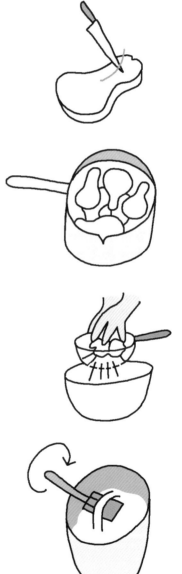

正式動工**20分鐘**之前,先把吉利丁片放進大量冰水裡浸泡。

煮洋梨

把香草莢縱向切開,刮取香草籽,然後把水、檸檬汁、砂糖、香草莢和香草籽都放入鍋中,開火煮至沸騰。利用這段時間,將洋梨去皮後切成兩半,挖除果核及蒂頭的溝槽。我沒有事先削梨是為了避免它變黑。

鍋子離火後放入洋梨,重新開火加熱至沸騰時立刻將火轉小,用小火慢慢熬煮**10到15分鐘**。這時洋梨可以用刀穿透,但還保有些微阻力(硬度),然而稍後在等待醬汁冷卻的過程中(室溫下自然冷卻**3小時**),洋梨還會進一步熟透。

冷卻後放進冰箱冷藏。

製作慕斯餡

把鮮奶油倒入事先冰鎮過的圓底盆中,用打蛋器打發至起泡(如果使用攪拌機,得先用4檔再換2檔)。打發後的鮮奶油看起來必須很像刮鬍泡沫。

把洋梨從冰箱取出瀝乾,取250公克放進碗裡,加入洋梨酒和砂糖一起攪打成泥。剩餘的洋梨留著備用。

接下來把吉利丁片的水分擠乾。

把1/4的洋梨混合材料放入鍋中,一邊攪拌一邊加熱。吉利丁的熔點是60℃。等鍋中材料達到60℃時,一邊攪拌一邊將鍋子離火,放入吉利丁片繼續攪拌,直到吉利丁完全熔化。然後將鍋中的混合材料倒進剩餘的3/4洋梨材料中。加入1匙的打發鮮奶油,用橡皮刮刀溫柔地攪拌,使整鍋材料更加細緻柔滑,然後再慢慢地一邊攪拌,一邊把剩餘的打發鮮奶油都加入混合拌勻。

Pierre Hermé
et moi

皮耶‧艾曼的私房分享

如果不用栗子，我也可以使用無花果。把無花果切成4小塊，撒上砂糖，放入烤箱以180℃烘烤15分鐘。加入一些洋梨酒是為了突顯洋梨的風味。

調製醬汁

把水和砂糖放進鍋中加熱至沸騰，然後離火讓它冷卻至40℃。
把糖漿倒進大碗中，加入洋梨酒並攪拌均勻。

組合&裝飾

烤盤鋪上一張烤焙紙，放上圓形慕斯模。
將13片手指餅乾的底端切平，並沿著模型內側直立排放，有糖粒的一面朝外。

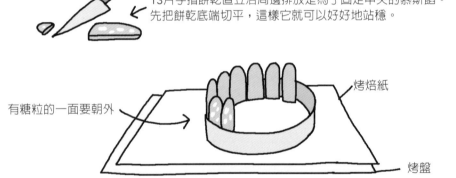

13片手指餅乾直立沿周邊排放是為了固定中央的慕斯餡。
先把餅乾底端切平，這樣它就可以好好地站穩。

有糖粒的一面要朝外 →

烤焙紙

烤盤

把6片手指餅乾一一浸泡在糖水中，每片至少浸泡**10秒**，取出後鋪在模型底部，緊密排列。我把其中一塊餅乾打碎，用碎片填滿餅乾之間的縫隙，再把一半的慕斯餡倒入模型。

把餅乾浸溼

鋪在模型底部

倒入一半的慕斯餡

取出200公克的水煮洋梨,每片洋梨先縱向切成3條,然後再切成1.5公分小塊。切好後均勻鋪在慕斯餡上。

取出一半的糖漬栗子用水沖洗,以去除糖漿。用手指把每顆栗子捏成4塊,均勻地鋪放在慕斯餡上,並輕輕按壓使栗子稍微陷進慕斯餡中。接下來,再覆蓋一層用糖水浸泡過的手指餅乾(同樣是6片),再淋上一層慕斯餡,並用橡皮刮刀抹平表面。

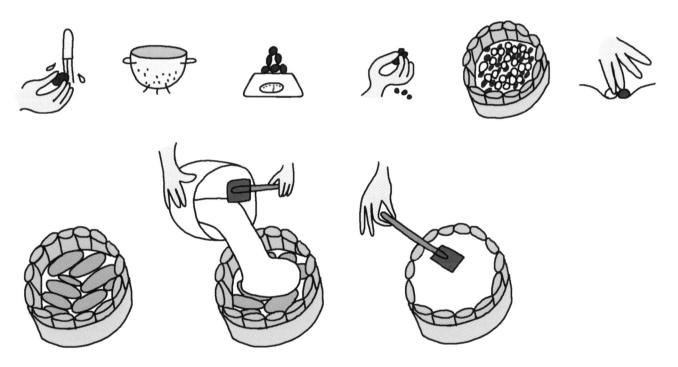

把蛋糕放進冰箱冷藏**2小時以上**。這道甜點要冰涼著吃才美味。

與親友分享這個美味的蛋糕前,我還要用200公克的水煮洋梨做頂部裝飾。將洋梨切成大片,隨意鋪放在結凍的慕斯表面上。最後把剩餘的糖漬栗子分別切半,鋪在蛋糕表面加以點綴。

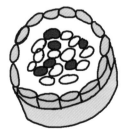

裝飾得好美麗喔

Pierre Hermé
et moi

怎麼會好吃成這樣……

你好像挺有一套的嘛！

Baba au rhum 蘭姆巴巴

需提前兩天準備

| 巴巴麵團 | 新鮮酵母* 30公克 | 雞蛋 3顆 | 低筋麵粉 200公克 | 砂糖 50公克 | 奶油 140公克 （開始製作麵團時 再取出冰箱即可） | 鹽之花 1/2茶匙 |

*妥善密封可冷藏保存3週。

| 醬汁 | 香草莢和 香草籽 2根 | 水 1公升 | 砂糖 500公克 | 鳳梨泥 50公克 | 檸檬皮屑 2顆量 | 柳橙皮屑 2顆量 | 農業蘭姆酒* 100公克 （例如NEISSON牌） |

譯註：
* 蘭姆酒依原料可區分為工業蘭姆酒（rhum industriale）與農業蘭姆酒（rhum agricole）。前者為一般傳統的蘭姆酒，利用廢蔗糖渣發酵
  蒸餾而成；後者源於法屬西印度群島，是由甘蔗原汁直接發酵蒸餾製成，具有較濃的甘蔗味及甜味。

製作巴巴

為什麼巴巴要做成一個一個小小的，而不是做成大蛋糕？因為如果用大蛋糕模做出大巴
巴，會很難把它放在醬汁裡翻轉；這時必須用很大的容器才能讓它有空間浸泡在醬汁裡，
而且需要一支跟它差不多大的漏杓，才能順利翻轉，而不會把巴巴弄壞（浸泡過醬汁的巴
巴很容易爛掉）。因此，我們都會把巴巴做得嬌小些。這次我們使用2個矽膠蛋糕模，每個
模子有6個圓孔。

皮耶・艾曼的私房分享

在甜點學校裡，我們是手工揉製巴巴麵團，藉以精確掌握麵團的質感。不過製作過程
很長，需要20到25分鐘。

製作巴巴麵團

巴巴麵團必須**提前2天**製作。不過也可以提前2到3星期。做好之後用保鮮膜包好，就可以在冰箱冷藏存放。

我做巴巴麵團時一定會一次多做一些，因為量多比較容易攪拌。我是用攪拌機的勾狀攪拌器來打麵團。首先把酵母、2顆蛋、麵粉和砂糖放入攪拌缸，攪打均勻後再加入第3顆蛋。拌打過程中麵團會發熱，質地也會變得富有彈性。讓麵團攪拌**15分鐘**，中途要關掉機器，用橡皮刮刀刮下沾在攪拌器以及缸邊和底部的麵團。麵團攪拌完成之後，我會調快攪拌速度，使麵團質地更加彈韌，材料開始變得不沾缸。

此時加入鹽之花，接著把剛從冰箱取出、還是冰涼的奶油加入攪拌缸，繼續攪打**10分鐘**。過程中再次關掉機器，用橡皮刮刀把沾黏在底部的麵團刮起來，然後重新攪打。麵團在攪拌缸中開始劈啪作響時，就表示差不多攪拌完成了，這時麵團的質地柔軟而富彈性，然後讓機器再繼續攪打**3分鐘**。不過要注意的是：如果麵團攪拌過頭了，它會重新液化變軟喔！

將烤箱預熱至170℃。

把麵團放進沒有裝擠花嘴的擠花袋，這樣比較容易擠出圓球。為了使麵團不會亂流，我用手指捏住擠花袋口控制流量。在蛋糕模的每一個圓孔中擠出小球形，一小球大約是35公克麵團。（如果是16公分的模型，大約需要160公克麵團。）接著手指沾一點水，抹平模型裡的麵團。然後拿起模型在工作檯上敲打，以去除麵團裡的空氣。我把模型放在溫暖的房間裡，等麵團發起來之後，會高出模子0.5公分，這時就可以放進烤箱烘烤**20分鐘**。

20分鐘後取出模型，把巴巴翻面，再放回烤箱繼續烘烤**5分鐘**，取出後置於室溫下自然乾燥48小時。

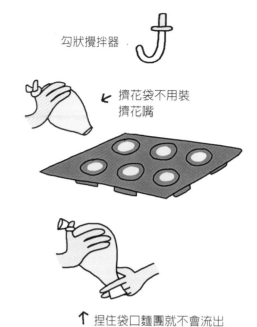

勾狀攪拌器

擠花袋不用裝擠花嘴

↑ 捏住袋口麵團就不會流出

手指沾冷水抹平麵團

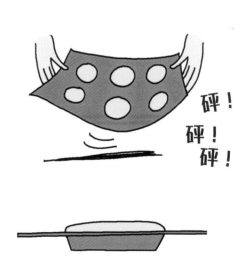

砰！
砰！
砰！

Pierre Hermé
et moi

調製醬汁

醬汁也可以**提前2天**做好。

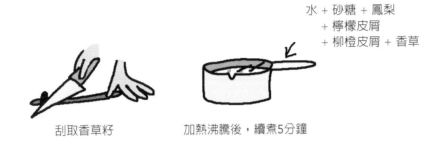

水 + 砂糖 + 鳳梨
+ 檸檬皮屑
+ 柳橙皮屑 + 香草

刮取香草籽

加熱沸騰後，續煮5分鐘

香草莢縱向切成兩半，刮出香草籽備用。

接著將水、砂糖、鳳梨、檸檬皮屑、柳橙皮屑、香草莢和香草籽（其實也就是除了蘭姆酒以外的所有材料）放入鍋中，加熱至沸騰後續煮**5分鐘**。

攪拌

蓋上耐熱保鮮膜

放入冰箱
冷藏一夜

鍋子離火，加入蘭姆酒拌勻，再蓋上保鮮膜，待降到室溫後放入冰箱冷藏**至少一整夜**。

皮耶‧艾曼的私房分享

要選用品質優異、使用甘蔗汁釀造的陳年農業蘭姆酒（鄉土蘭姆酒），絕不可以使用一般的蘭姆酒！如果手邊真的完全買不到好的蘭姆酒，那寧可不吃巴巴也罷。蘭姆巴巴要在冷涼狀態下享用，溫熱的巴巴有點噁心，酒味太濃，吃起來一點都不開心。

第二天

將醬汁加熱到55℃。

接著過濾醬汁，以濾除果皮和香草莢。

食用前5小時，再將巴巴浸泡在醬汁中，每一面浸泡5分鐘，有洞那一面先朝下浸泡。浸泡時間依巴巴的乾燥程度而定，如果巴巴剛烤好不久，浸泡10分鐘就足夠了，如果巴巴已經烤好很長一段時間了，就要浸泡得更久些。醬汁應該要是溫熱的，所以我會把它加熱過。

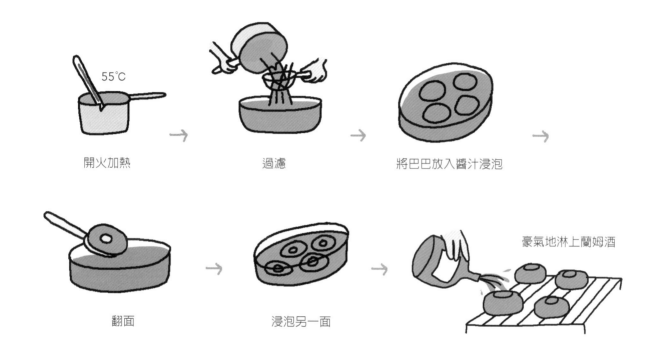

開火加熱　　　　　　　過濾　　　　　　　將巴巴放入醬汁浸泡

翻面　　　　　　　浸泡另一面　　　　　　豪氣地淋上蘭姆酒

我使用跟巴巴一樣大的漏杓為巴巴翻面，可以避免弄破巴巴。
等巴巴吸飽醬汁後，再放到網架上滴乾。

享用前，我會豪氣十足地淋上農業蘭姆酒。

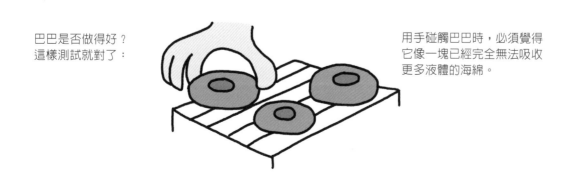

巴巴是否做得好？
這樣測試就對了：

用手碰觸巴巴時，必須覺得它像一塊已經完全無法吸收更多液體的海綿。

Pierre Hermé
et moi

Chantilly nature ou chocolat 原味 & 巧克力香堤

與巴巴搭配享用

原味香堤

動物性鮮奶油　　砂糖
400公克　　　　30公克

巧克力香堤

黑巧克力　　　動物性鮮奶油　　砂糖
（可可含量70%）　350公克　　　15公克
340公克

原味香堤

將鮮奶油和砂糖放入圓底盆中，用打蛋器打發，但切勿打得太過頭，以免鮮奶油變得太硬；但是也不能太軟，當我把盆子倒扣過來時，鮮奶油必須黏附在盆內而不滴下來。

把打好的原味香堤舀入裝有花形擠花嘴的擠花袋，在巴巴上擠出一個比巴巴本身還高的圓花造型香堤即可。

巧克力香堤（需提前一天製作）

將巧克力大致壓碎，放入圓底盆中隔水加熱，使巧克力熔化約一半。

將鮮奶油和砂糖放入鍋中加熱至沸騰，然後把1/3的滾燙鮮奶油淋在巧克力上，靜置30秒，再用橡皮刮刀拌勻。此時可以再加入1/3的熱鮮奶油，拌勻之後再加入最後的1/3拌勻。如果希望能攪拌得很均勻，也可以使用攪拌機。攪拌完成後，蓋上耐熱保鮮膜，並且要使保鮮膜直接覆蓋在餡料上不留空隙（以免水氣凝結），然後放入冰箱冷藏**一整夜**。

隔天，將圓底盆（或攪拌缸）放入冰箱中冷藏後取出，在冰涼狀態下放進冷藏過的巧克力鮮奶油，非常柔和地打成濃稠狀。香堤的質地必須很柔軟蓬鬆，不能硬梆梆的。然後把巧克力香堤舀入裝有花形擠花嘴的擠花袋，在巴巴上擠出一個比巴巴本身還高的圓花造型香堤即可。

 ### 皮耶·艾曼的私房分享

我也可以取一匙巧克力香堤，擺放在圓圈形狀的巴巴旁享用，這種擺設方式稱為「滾輪佐香堤」（crème molette）。

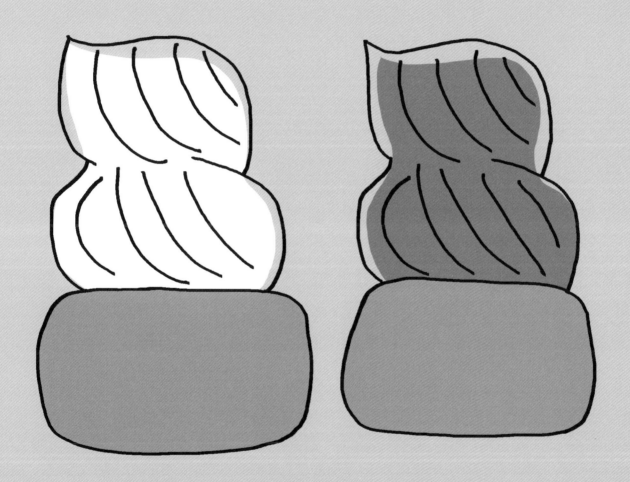

Granola 格拉諾拉

綠色開心果
35公克

胡桃仁
40公克

去皮白杏仁
90公克

洋槐樹蜜
150公克

香草莢和香草籽
3根
（產自大溪地、墨
西哥、馬達加斯加
等地為佳）*

南瓜籽
（無鹽）
45公克

葵花籽
100公克

燕麥片
250公克

* 若無法取得產自大溪地或墨西哥的香草，可以只用馬達加斯加出產的
香草。其他食譜若無標注香草產地，則一律是馬達加斯加香草。

首先將開心果、胡桃仁、杏仁放入烤箱，以150℃烘焙15分鐘取
出，留下杏仁另外加烤5分鐘。

將香草莢縱向切成兩半，刮取香草籽。

將蜂蜜和香草莢、香草籽都放入鍋中加熱，待蜂蜜開始變稀時即離
火，加入南瓜籽、葵花籽及燕麥片，並細心攪拌。

在烤盤上鋪一張烤焙紙，把上述混合材料倒在烤盤上，然後放入烤
箱以150℃烘烤20分鐘。每隔5分鐘都要把烤箱打開，取出烤盤用橡
皮刮刀攪拌一下材料，以確保每個部分都烘烤均勻。烤好之後，用
手指把它剝成小塊。因為加了很多蜂蜜的關係，材料已經焦糖化，
變得十分酥脆。

將先前烤好的開心果、胡桃仁和杏仁大致切碎後加入拌勻，最後記
得挑除香草莢。營養美味的格拉諾拉就大功告成了！

把做好的格拉諾拉裝進密封罐後收進食物櫃，常溫可儲存3個月。

我的格拉諾拉

皮耶・艾曼的私房分享

我也喜歡加一些優格、牛奶、科西嘉島原野蜜,或小片芒果、略加壓碎的覆盆子等等。其實只要喜歡的東西就可以加進去,這道甜點基本上是個無所不包的大雜燴啦!

哎呀,真好吃耶!

Gâteau d'anniversaire 生日蛋糕

蛋糕體（3片份）

低筋麵粉
450公克

泡打粉
10公克

動物性
鮮奶油
290公克

砂糖
650公克

檸檬皮屑
8顆量

雞蛋
8顆

橄欖油
190公克
（產自普羅旺斯
或義大利為佳）

覆盆子
350公克

模型：
3個蛋糕模或圓
形慕斯模

直徑14公分1個

直徑20公分1個

直徑28公分1個

奶油霜

雞蛋2顆
蛋黃2個

奶油
250公克

水
50公克

砂糖
140公克

裝飾材料

杏仁膏
450公克

紅色單片馬卡龍
20片

新鮮覆盆子
15顆

製作蛋糕體
將烤箱預熱至170℃。

先將麵粉和泡打粉過篩。

將動物性鮮奶油倒入攪拌缸，使用球狀攪拌器打發鮮奶油（但不要打得過硬）。鮮奶油打發後備用。

接下來分兩次進行以下的攪拌程序。取一個大碗加入砂糖和檸檬皮屑拌勻。檸檬皮所含的精油香氣撲鼻而來，真令人陶醉不已！接著加入雞蛋，用電動打蛋器以高速進行攪拌，直到材料呈現跟優酪乳一樣的狀態。我讓打蛋器繼續攪拌，同時慢慢加入橄欖油，感覺有點像在打美乃滋。材料拌勻後關掉打蛋器再移開，把兩次分別攪拌好的材料混合，再加入麵粉和泡打粉，改用橡皮刮刀輕輕拌勻。最後將打好的鮮奶油加入，繼續輕輕攪拌至均勻，蛋糕體麵糊就完成了。

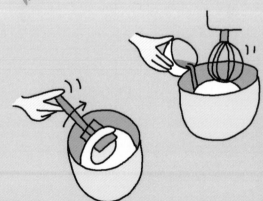

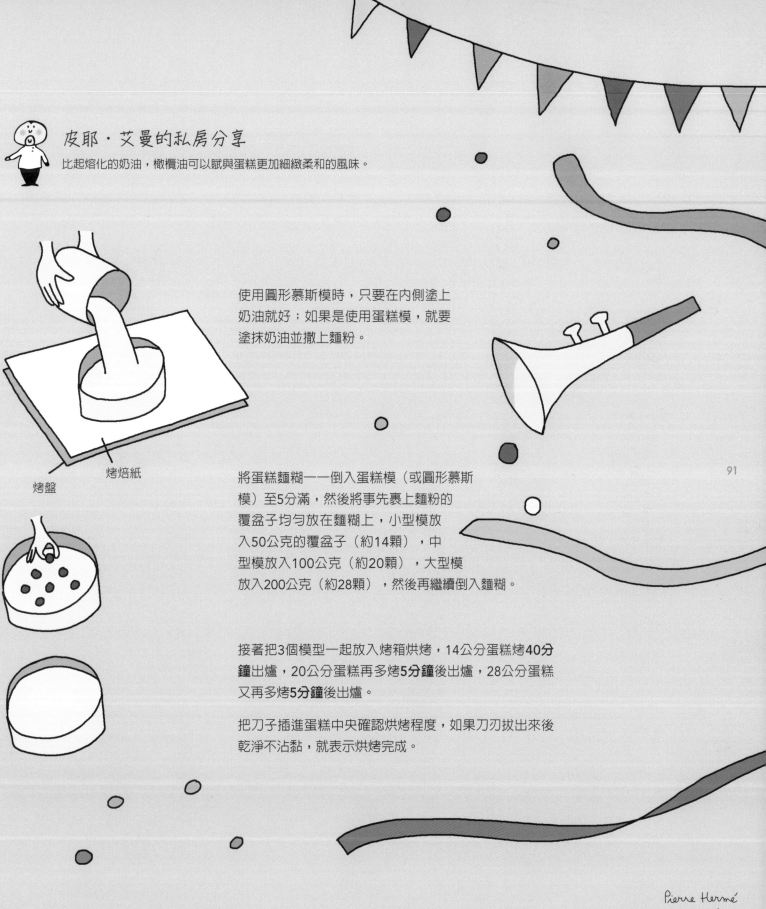

皮耶・艾曼的私房分享

比起熔化的奶油，橄欖油可以賦與蛋糕更加細緻柔和的風味。

使用圓形慕斯模時，只要在內側塗上
奶油就好；如果是使用蛋糕模，就要
塗抹奶油並撒上麵粉。

烤焙紙

烤盤

將蛋糕麵糊一一倒入蛋糕模（或圓形慕斯
模）至5分滿，然後將事先裹上麵粉的
覆盆子均勻放在麵糊上，小型模放
入50公克的覆盆子（約14顆），中
型模放入100公克（約20顆），大型模
放入200公克（約28顆），然後再繼續倒入麵糊。

接著把3個模型一起放入烤箱烘烤，14公分蛋糕烤40分
鐘出爐，20公分蛋糕再多烤5分鐘後出爐，28公分蛋糕
又再多烤5分鐘後出爐。

把刀子插進蛋糕中央確認烘烤程度，如果刀刃拔出來後
乾淨不沾黏，就表示烘烤完成。

Pierre Hermé
et moi

製作奶油霜

將室溫的雞蛋放入圓底調理盆中，卯足全力拌勻備用。

接著製作糖漿。先將水和砂糖放入鍋中，以小火加熱至砂糖溶化。沸騰後轉成大火，待糖漿溫度達到120℃時即熄火。（記得將料理用溫度計放入鍋中測溫，即時觀察溫度升高情況。）

接著把糖漿倒入打好的蛋液裡。我會讓糖漿沿著容器邊緣慢慢淋進去，以免糖漿倒在打蛋器上四處噴濺。倒完後開始攪拌，一邊打一邊等材料降溫。冷卻後再加入奶油，並持續攪拌動作。奶油打發後乳霜會逐漸成形，此時乳霜的外觀還略帶疙瘩結粒，不過漸漸就會變得柔滑細緻。

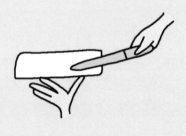

蛋糕體烤好之後，脫模倒扣在網架上冷卻。

待蛋糕體降到室溫，就可以淋上奶油霜。這時要注意一件事，我必須預留一些奶油霜備用，因為稍後還要用它來把馬卡龍黏在蛋糕上。將蛋糕體放入冰箱冷藏，才能讓奶油霜凝固變硬些。

92

裁出跟蛋糕面積一樣大的硬紙板墊在底部

皮耶・艾曼的私房分享

我會在蛋糕底下墊一張硬紙板，這樣在塗抹奶油霜時會比較方便，更重要的是，因為蛋糕堆疊了好幾層，如果每層蛋糕底下都墊有硬紙板，要分層切蛋糕時會輕鬆得多。

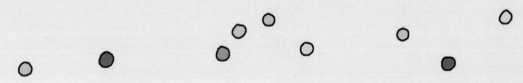

接下來要為蛋糕覆蓋杏仁膏。

為了使杏仁膏能順利擀開，必須用手把杏仁膏揉得更加均勻柔軟，然後整形成圓球狀，這樣才比較容易擀成圓片。接著先在工作檯上撒上少許 Maïzena®玉米粉，再放上杏仁膏慢慢擀圓；如果擀到一半杏仁膏開始沾黏檯面，就要再撒一些玉米粉。擀圓時我會將杏仁膏每次都轉1/4圈，擀開的形狀就會比較圓。

為14公分蛋糕進行外層包覆時，我需要擀出直徑24公分左右的杏仁膏麵皮。20公分蛋糕需要28公分的杏仁膏麵皮，28公分蛋糕則需要36公分的杏仁膏麵皮。

為了使杏仁膏麵皮鋪得平整漂亮，我會用手撫平正面，然後用雙手由上往下撫平側邊。接著用抹刀完成最後的修整，再把超出蛋糕的杏仁膏麵皮以由外向內的方式用刀子切除，這樣杏仁膏才不會剝離。最後我用手將底部的杏仁膏收邊輕按壓圓。最後將完成的大中小三片蛋糕疊起來。

我在每一塊馬卡龍餅皮（見P.105）背面塗上一些奶油霜，然後一一黏在蛋糕上。

最後，我在每層蛋糕上擺放幾顆覆盆子，與馬卡龍構成美麗的裝飾圖案。

Bon ANNIVERSAIRE!

生日快樂！

Pierre Hermé
et moi

Les pâtisseries pas fastoches

進階版自製頂級甜點

et si j'étais Pierre Hermé ?

我來當當看皮耶艾妹吧？

les meilleures pistaches viennent d'italie, il faut à ce gâteau un nom italien

品質最好的開心果來自義大利，所以這個蛋糕
要有個義大利名字才行……

有了！

MONTEBELLO 蒙特貝羅

VENEZIA 威尼斯

 Attention !

請注意！
在此先警告各位讀者，製作這道甜點非常艱辛，程序非常繁複，一定要超
有耐心才行。如果各位不是那麼有耐心，我偷偷報個實用訊息：每年六月
底到九月初，在皮耶大哥的店裡都有賣蒙特貝羅蛋糕喔！

達克瓦茲餅乾底餡料

達克瓦茲餅乾底是以瑪琳蛋白霜和杏仁為基底製成的。

蛋白
3個

砂糖
25公克

烤熟開心果
15公克

糖粉
70公克

杏仁粉
60公克

調味開心果醬
10公克

慕斯琳奶油餡（奶油霜＋卡士達醬）

雖然我只需要1湯匙的奶油餡來製作慕斯琳奶油霜，可是奶油霜一次非得多做一點才行，
不然在鍋子裡會很難拌勻。

卡士達醬

全脂牛奶
250公克

香草莢和香草籽
1/2根

細砂糖
30公克

蛋黃
3個

低筋麵粉
25公克

奶油
25公克

奶油霜

雞蛋
1顆

蛋白
1個

水
25公克

砂糖
70公克

奶油
125公克

純開心果醬
17公克

調味開心果醬
17公克

口味

草莓500公克　或覆盆子300公克

在法國，這道甜點可以在七月到九月中之間製作，因為這段期間裡出
產的嘉莉格特草莓*和森林瑪拉紅漿莓*特別可口，甜度也最足夠。

譯註：
* 嘉莉格特草莓（gariguette）：嘉莉格特是法國草莓
  的品種之一，體型不大，呈長型，香氣濃郁，且帶
  有非常美好的酸度，與甜度達到極佳的平衡。

* 森林瑪拉紅漿莓（mara des bois）：這種草莓也屬
  於體型嬌小、味道濃郁的類別，雖然法文名稱mara
  des bois原意是「森林小兔」之意，但它並不是森林
  中的野生品種，而是1991年在法國人工培育出來、
  且已取得專利的品種。

Pierre Hermé
et moi

製作達克瓦茲餅乾底餡料

開心果以150℃烘烤**12分鐘**。

將蛋白打成雪花狀，但不要打發得太快。一邊攪拌一邊慢慢加入砂糖，直到蛋白霜可如鳥喙狀垂立即可。

接著將開心果切成小碎塊，顆粒必須小到能輕鬆通過10號擠花嘴才行。將糖粉、杏仁粉、開心果碎混合拌勻。

將開心果醬放入容器中仔細拌勻，先加入一匙打發的蛋白霜拌勻後，再加入剩下的蛋白霜繼續攪拌至均勻。攪拌動作要輕柔，才不會破壞蛋白霜的泡泡。

接著分三次加入糖粉、杏仁粉和開心果碎的混合材料，餅乾底材料就完成了。它必須相當濃稠，不可以呈現流質液狀。

攪拌

「雞屁股形」
的圓底盆

將烤箱預熱至170℃。

烤盤上墊一張烤焙紙，放上直徑21公分的圓形慕斯圈（內側塗抹上奶油），並在模型內側黏上一圈長條型的烤焙紙。

我用手旋轉調整盆子，這樣比較容易使每個角落的材料都攪拌得到

將餅乾底餡料舀入裝有10號擠花嘴的擠花袋，然後從模型中心處開始以螺旋狀擠出餡料，直到餡料填滿整個模型底部，接著在邊緣處擠出一排小球形餡料。表面均勻撒上糖粉，在室溫下靜置**15分鐘**，再撒上一層糖粉，接著放入烤箱烘烤**30分鐘**。烤熟的餅乾底會呈現淡淡柔柔的綠色，還有開心果碎小小的米色斑點，看起來實在太美妙了。最後等待餅皮冷卻，脫模並撕除烤焙紙。

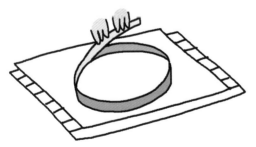

製作卡士達醬

將香草莢縱向剖開，刮取香草籽，然後與牛奶一起放入鍋中開火加熱。我只先加入1/4的砂糖，以免牛奶在加熱過程中燒焦。牛奶沸騰後讓鍋子離火，覆蓋上耐熱保鮮膜，靜置30分鐘，使香草的香氣能充分釋出。

熬煮過程中，我用打蛋器不斷攪拌

將蛋黃和剩餘砂糖加入圓底盆中，立刻進行攪拌，以避免蛋黃結粒。攪拌至蛋液顏色逐漸變白，再慢慢倒入麵粉，用打蛋器拌勻，然後把牛奶過濾加入一起攪拌。過篩可濾掉香草莢和纖維質，不過我必須仔細擠壓香草，盡可能把富含香草風味的牛奶擠得一滴不剩。最後將所有材料攪拌均勻，然後倒回鍋中熬煮。

打得好的祕訣就是不斷攪拌

熬煮過程中，我用打蛋器不斷攪拌

如果不攪拌，醬汁會黏鍋焦底。

我用大火把材料煮至沸騰，然後調成小火續煮2分鐘，使材料變得更濃稠。

繼續攪拌

保鮮膜必須緊貼住卡士達醬不留空隙，以免水氣凝結

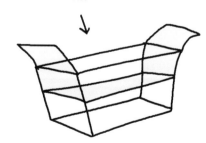

牛奶醬汁的溫度降到60℃時，即可加入奶油。若溫度低於60℃，奶油不會熔解，而會保持原有的固態；只有到60℃熔解，奶油才能負起將牛奶醬汁變身為英式奶油醬的重責大任。

將做好的卡士達醬裝入保鮮盒，直接蓋上耐熱保鮮膜（保鮮膜必須直接緊貼住卡士達醬，不留空隙），然後放入冰箱冷藏備用。

Pierre Hermé
et moi

皮耶・艾曼的私房分享

我做這道蛋糕時，會混搭兩種開心果加工製品：純開心果醬和調味開心果醬，後者混合了開心果、零陵香豆（fève de tonka）和苦杏仁（北杏）。如果我只加純開心果醬，蛋糕的風味會比較弱。

製作奶油霜

將室溫的雞蛋和蛋白放入圓底盆中，卯足全力攪拌備用。

接著製作糖漿。先將水和砂糖放入鍋中，以小火加熱至砂糖溶化。沸騰後將轉成大火，待糖漿溫度達到120℃時即熄火。（記得將料理用溫度計放入鍋中測溫，即時觀察溫度升高情況。）

接著把糖漿倒入打好的蛋液裡。我會讓糖漿沿著容器邊緣慢慢淋進去，以免糖漿倒在打蛋器上四處噴濺。倒完後開始攪拌，一邊打一邊等待材料降溫。冷卻後再加入奶油，並持續攪拌動作。奶油打發後乳霜就會逐漸成形，此時乳霜的外觀還略帶疙瘩結粒，不過漸漸就會變得柔滑細緻。

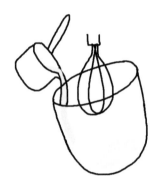

製作慕斯琳奶油餡

在同一個容器中，我把兩種開心果醬和奶油霜混合拌勻。在另一個容器攪拌卡士達醬至質地柔滑的程度。混合材料攪拌均勻後，加入75公克卡士達醬，然後卯足全力攪拌。（剩餘的卡士達醬我可以趁機享用或放入冰箱冷藏，冷藏約可保存3天，不過千萬不能放進冷凍庫，因為冷凍會改變它的質地口感。）

質地濃稠滑潤，好漂亮啊！

好嘍，我的慕斯琳奶油餡大功告成了！

現在就可以在已冷卻的餅乾底抹上慕斯琳奶油餡，用擠花袋擠或直接用橡皮刮刀塗抹都可以，也可以將奶油餡舀入裝有10號擠花嘴的擠花袋，以螺旋方式擠至與餅乾底邊緣齊平，中央則要稍微厚一點。

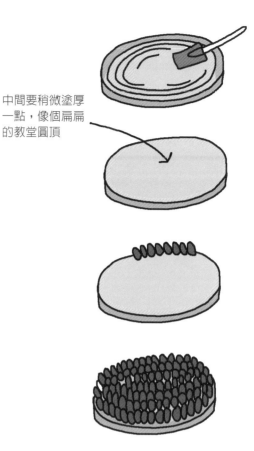

中間要稍微塗厚一點，像個扁扁的教堂圓頂

裝飾水果

去除草莓的蒂頭，盡可能不要洗過（清洗草莓不但會破壞草莓，而且會把水分帶進蛋糕裡）；然後縱向將草莓切成兩半。如果一定要清洗草莓，我會在去蒂頭之前先洗，以免水跑進草莓內部。

從外側開始以尖端朝上的方式，將草莓鋪放在填滿慕斯琳奶油餡的蛋糕上。我只是輕輕把草莓放上去，不需要陷進奶油餡裡。如果發現草莓會陷下去，就必須立刻把蛋糕放入冰箱冷藏一段時間，使奶油餡變硬一點。

如果選擇使用覆盆子，必須確實檢查每顆果實都沒有發霉。

101

maio qui m'appelle?

是哪個可口的義大利葛格在召喚我呀？

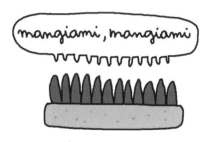

mangiami, mangiami

把我吃了吧，把我吃了吧！

皮耶・艾曼的私房分享

我們也可以加入一些接骨木果凍（接骨木是一種漿果，我們經常用它的花來製作糖漿）。草莓蒙特貝羅蛋糕當天就要食用完畢，不然草莓很快就會變得不新鮮。覆盆子蒙特貝羅則可以保存到隔天再吃。

Pierre Hermé
et moi

Macarons au caramel 焦糖馬卡龍

需提前一天準備

瑪琳蛋白霜

水
30公克

砂糖
125公克

蛋白
2個

馬卡龍餅皮

蛋白
2個

黃色食用色素
5滴

糖粉
125公克

咖啡香精
5公克

杏仁粉
125公克

焦糖奶油霜

砂糖
125公克

動物性鮮奶油
100公克

奶油
（鹽含量3%以下）
20公克

奶油
90公克

製作馬卡龍餅皮

首先製作瑪琳蛋白霜。將水和砂糖放入鍋中煮，記得放進料理用溫度計以便測溫。

用溫度計稍微攪拌一下，然後加熱沸騰至121℃，糖漿就完成了。

接著將蛋白放進圓底盆中，打至起泡變白，記得不要打過頭了。

我把糖漿沿著盆邊倒入蛋白霜中，用打蛋器繼續攪拌**5分鐘**即成。

準備製作馬卡龍餅皮麵糊。將蛋白、食用色素和咖啡香精放入圓底盆中攪拌均勻備用。將杏仁粉和過篩後的糖粉放入另一個圓底盆中拌勻，然後倒入上述容器裡，仔細拌勻。

我讓打好的瑪琳蛋白霜靜置冷卻，它的質感會變得濃稠又漂亮。接著再把蛋白霜加進馬卡龍餅皮麵糊材料中，由中心往外圍柔和地攪拌，最後再用橡皮刮刀用力攪拌，直到餡料呈現油亮滑順的光澤。

我用橡皮刮刀在容器底部劃一條線，如果麵糊分開後會再慢慢回流融成一片，而且用刮刀撈起時，它會成為一道優美的圓弧狀麵糊，就表示馬卡龍餅皮麵糊製作成功了。

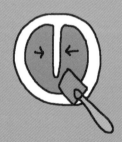

非常濃稠

開始烘烤

將烤箱預熱至160℃。

將麵糊裝進裝有10號擠花嘴的擠花袋。

將烤焙紙剪成與烤盤相同大小，在上面畫出直徑3.5公分的圓形，每個圓圈都間隔4公分。也可以利用尺寸相同的玻璃杯或餅乾模來畫圓。

 ❮ 現在最難的部分來囉！

我從圓圈中心點開始擠出麵糊，等麵糊擠到圓圈邊緣時就要立刻停止，並且很快地提起擠花袋轉半圈。

所有圓圈中都擠好麵糊後，接下來得表演一個高難度雜耍動作。我把烤盤舉起，用一隻手

Pierre Hermé
et moi

撐住，然後用另一手的掌心在烤盤底下輕拍，如此一來圓圈裡的麵糊就會稍微攤平，逐漸從直徑3.5公分變成4.5公分。

我把烤盤靜置一旁，讓麵糊的表層慢慢乾燥變硬，這時它摸起來就不會黏手了。測試時，記得要輕輕地碰觸，絕不可施力壓下去，免得把手指戳進麵糊裡──馬卡龍可是非常、非常嬌弱的！

待麵糊表層不黏手之後，我把烤盤放入烤箱烘烤**15分鐘**。期間必須不斷檢查烘烤狀況，因為每一台烤箱的烘焙性能都會有所差異。

製作焦糖奶油霜

我以乾式作法製作焦糖（乾燒焦糖才是真正的美味）。

我把1湯匙砂糖放進一個相當大的煮鍋，用中火加熱。我不斷攪拌砂糖，直到它熔化成為液狀，然後再多加一些砂糖，繼續攪拌；等糖熔化後我又再加一些糖、再攪拌，再加一些糖、再攪拌……我必須一直攪拌、一直攪拌，沒錯，我超有耐心的！當糖液開始出現泡沫，上面有小小的白點，就把火力調低到小火，加入鹽含量3%以下的奶油。

同時把動物性鮮奶油倒進另一個煮鍋，用小火加熱（大火容易使它在沸騰時溢出來）。

焦糖中的奶油熔化以後，慢慢把鮮奶油加進去。注意，這時會產生泡沫。整個過程中我都必須不停攪拌鍋內的材料，讓它續煮**1分鐘**（或煮至106℃）。

我讓鍋子離火，把鍋內材料倒進耐熱玻璃模具中，材料才不會因為鍋子的溫度而繼續受熱。我讓它冷卻到室溫，然後放進冰箱冷藏**3小時**。如果我把熱的乳霜材料直接倒在奶油上，奶油就會熔化，而無法打發成理想的質地了。

我把另一份奶油放進攪拌缸，並將剛從冰箱取出的焦糖鮮奶油也加入。

是的，接下來的攪拌工作……我老實昭告，除非是大力士，否則用手攪拌是不可能的，所以就乖乖啟動自動攪拌機吧！

此時的混合材料看起來不太美味，而且攪拌過程中必須隨時把它弄鬆打入空氣，以免它的質地變得像鉛一樣沉重，越來越難攪拌。

奶油霜攪拌完成時，它會變得可以黏在攪拌缸壁上，這時它的顏色變得白皙多了，質地也變得比較輕爽。

馬卡龍餅皮烤好後，我從烤箱取出，使它降到室溫，然後一一翻轉過來，用裝了水的噴霧器輕輕在馬卡龍餅皮的內側表面噴霧。

為什麼要噴霧？因為擠入奶油霜之後，馬卡龍餅皮的含水量會變得不夠。

把一半的馬卡龍餅皮留置備用（等一下它們會變身為馬卡龍的「帽子」）。我把奶油霜舀入裝有12號擠花嘴的擠花袋，在另一半馬卡龍餅皮中央擠出一小球奶油霜餡。然後再蓋上帽子，並輕輕用手按壓，把餡料擠到與外殼邊緣齊平。我把馬卡龍放進冰箱冷藏24小時，隔天才拿出來享用。

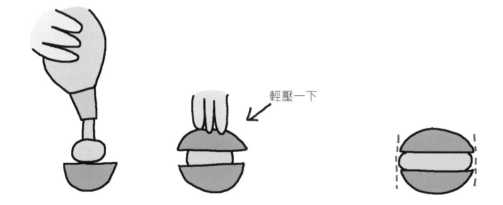

馬卡龍可放進密封盒中冷藏保存6天。

記得在享用**前2小時**從冰箱取出。
（台灣溼度較高，在潮溼的環境下，食用前30分鐘或1小時前取出即可。）

Macarons à l'huile d'olive 橄欖油馬卡龍

可製作35個馬卡龍

馬卡龍餅皮

杏仁粉
125公克

糖粉
125公克

蛋白
2個

綠色食用色素
5滴

瑪琳蛋白霜

蛋白
2個

砂糖
125公克

水
30公克

餡料

動物性鮮奶油
100公克

香草莢
1/2根

白巧克力
225公克

普羅旺斯第一道
冷壓果香綠橄欖油
50公克

去核綠橄欖
1瓶
（淨重100公克）

製作馬卡龍餅皮

請參照「焦糖馬卡龍」作法（見P.105），不過記得要用對色素，而且不要放咖啡香精。

製作餡料

先將巧克力放進微波爐，以450W功率加熱**4分鐘**。

香草莢縱向切成兩半，刮取香草籽，然後將鮮奶油和香草莢以及香草籽放入鍋中，以小火加熱。至沸騰時即讓鍋子離火冷卻，蓋上耐熱保鮮膜，靜置**30分鐘**，使浸泡在鮮奶油中的香草香氣可充分釋放出來。

浸泡出味

接下來，將鍋子移回火爐上，重新以小火加熱鮮奶油。將白巧克力敲碎成小塊，放入另一鍋中，淋上少許熱鮮奶油，並用打蛋器攪拌。將剩餘的鮮奶油分三次加入，再慢慢將橄欖油也加入鍋中，像製作美乃滋一樣打成濃稠狀（這時混合料看起來還真的很像美乃滋）。最後把打好的餡料放入冰箱冷藏約**1小時**，使它略微變硬。

從冰箱取出餡料，再於常溫中靜置**1小時**。

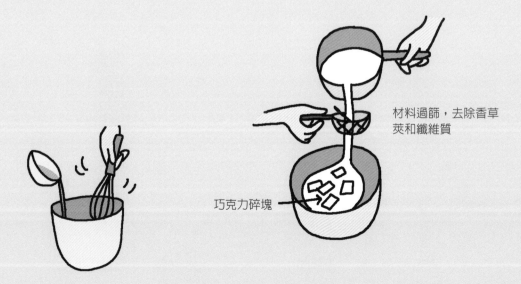

材料過篩，去除香草莢和纖維質

巧克力碎塊

Pierre Hermé
et moi

皮耶・艾曼的私房分享

如果我把整顆橄欖放進餡料中，餡料的整體口感會變得太鹹，所以我一定要把橄欖切成小塊，再一一放置在餡料上。

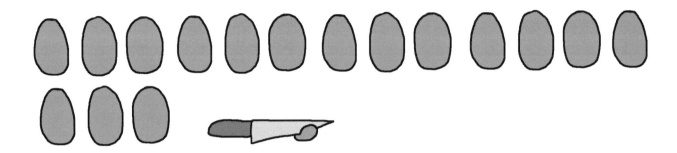

取出17顆橄欖，每顆切成6小塊。

將烤好並冷卻至室溫的馬卡龍餅皮取一半備用，另一半翻面。

在馬卡龍餅皮內側噴上一些水霧（用普通園藝用的小型噴霧器就可以了）。

噗嘶

接著將餡料舀入裝有10號擠花嘴的擠花袋，在馬卡龍餅中央擠出一小球餡料，在餡料中央放上3小塊橄欖，然後蓋上另一片馬卡龍餅皮，並用手輕輕按壓，使餡料擠到與餅乾邊緣剛好齊平。

我必須把馬卡龍放進冰箱冷藏24小時，隔天才能拿出來享用。

馬卡龍放入密封盒可冷藏保存6天，不過記得要在食用前2小時從冰箱取出。

壓一下

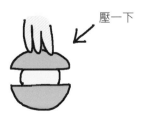

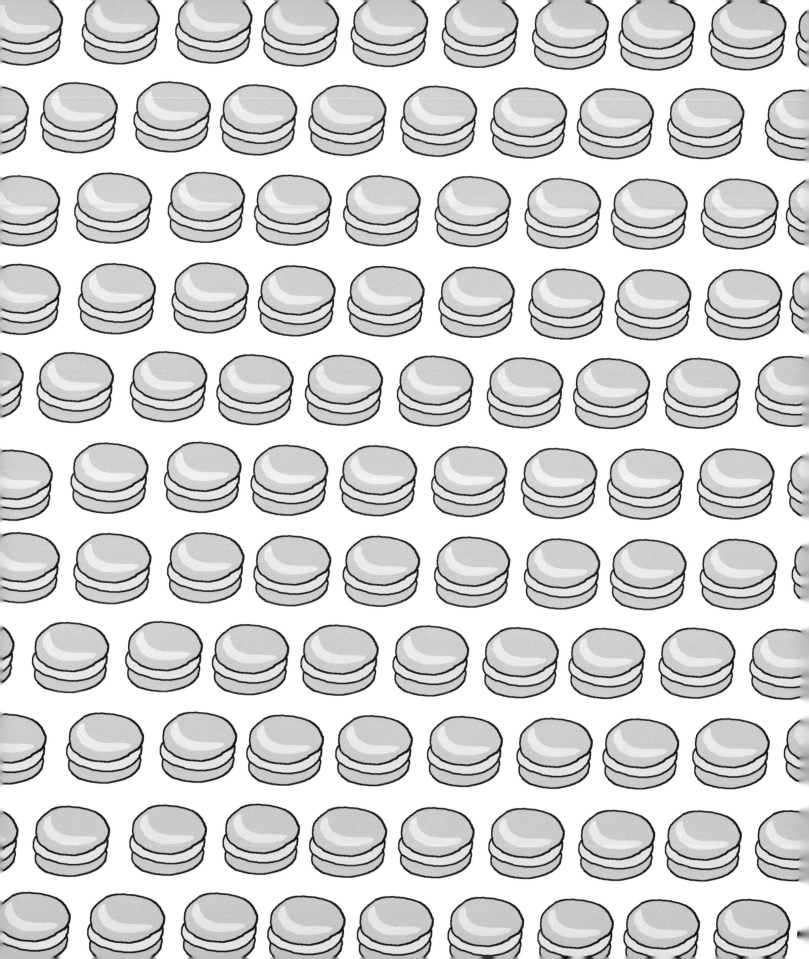

你真的有夠愛吃耶⋯⋯　　　　　　不愛吃，毋寧死呀！

Ispahan 伊斯帕罕

需提前一天製作

玫瑰馬卡龍餅皮

杏仁粉　　　　糖粉　　　　胭脂紅食用色素　　蛋白　　　　水　　　　砂糖
250公克　　　250公克　　　　6滴　　　　　8個　　　65公克　　250公克

義式瑪琳蛋白霜

水　　　　砂糖　　　　蛋白
40公克　　125公克　　2個

玫瑰花奶油霜餡料

蛋黃　　　　砂糖　　　全脂牛奶　　　奶油　　　玫瑰露　　　玫瑰糖漿
4個　　　　45公克　　　90公克　　　450公克　　4公克　　（Monin牌）
　　　　　　　　　　　　　　　　　　　　　　　　　　　　　30公克

組合＆裝飾材料

荔枝　　　　新鮮覆盆子　　　葡萄糖漿　　　紅玫瑰花瓣
200公克　　　250公克　　　　5滴　　　　　5片

前一天

荔枝剝殼後，依大小不同各切成2或3塊，放在濾網中放入冰箱瀝乾一整夜。

第二天

玫瑰馬卡龍餅皮

首先製作瑪琳蛋白霜。將水和砂糖放入鍋中煮開，記得放進料理用溫度計以便測溫。用溫度計稍微攪拌一下，然後加熱沸騰至121°C，糖漿就完成了。

接著將4個蛋白放進圓底盆中，打至起泡變白，記得不要打過頭了。

我把糖漿沿著盆邊倒入蛋白霜中，用打蛋器繼續攪拌5分鐘即成。

接下來準備製作馬卡龍麵糊。將剩餘4個蛋白和食用色素放入圓底盆中攪拌均勻備用。

將杏仁粉和過篩後的糖粉放入另一個圓底盆中拌勻，然後倒入上述容器裡，跟染色蛋白一起仔細拌勻。

我將打好的瑪琳蛋白霜靜置冷卻，它的質感會變得濃稠又漂亮。接著再把蛋白霜加進馬卡龍麵糊材料中，由中心往外圍輕柔地攪拌。

最後再輕輕地攪拌，直到瑪琳蛋白霜與麵糊完全融合。不過必須設法維持麵糊的挺度，不能讓攪拌時的螺旋紋路消失。

我在2個烤盤上各放置一張烤焙紙，並用鉛筆在上面畫出一個直徑20公分的圓圈。接著把料理紙翻面，半透明的烤焙紙也能看到另一面的圓圈。

我把馬卡龍麵糊放進裝上12號擠花嘴的擠花袋，開始在每一個烤盤的料理紙上擠出螺旋形。擠好後我讓螺旋形餡料層在室溫中靜置至少2小時，使它的表面乾燥變脆；這時如果用手輕輕觸摸，麵糊已經不再黏手。

把烤盤放入烤箱，烘烤20至25分鐘，並在烘烤過程中快速打開烤箱門兩次，讓水氣排出。注意，整個過程中一定要密切觀察烘烤狀態。最後把烤好的馬卡龍餅取出烤箱，靜置冷卻備用。

Pierre Hermé
et moi

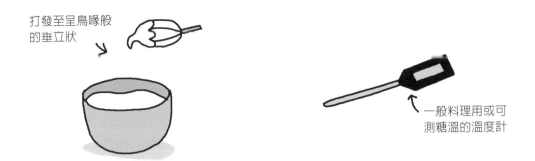

打發至呈鳥喙般
的垂立狀

一般料理用或可
測糖溫的溫度計

義式瑪琳蛋白霜

我要再製作一份糖漿。首先把水倒進煮鍋，一邊慢慢倒入砂糖，一邊攪拌使糖溶化，然後開火加熱至沸騰。沸騰後我會立刻用一支沾溼的毛刷把鍋子內壁刷乾淨以免煮焦，就這樣讓糖漿一直煮到118℃。接下來將蛋白打入圓底盆，攪拌打發到呈鳥喙垂立狀（非常濃稠但不能太過於扎實），然後把糖漿沿著盆邊倒入，繼續打發直到冷卻為止。

攪拌，攪拌，再攪拌！

槳狀攪拌器

球狀攪拌器

玫瑰花奶油霜餡料

我把蛋黃和砂糖放進圓底盆內一起攪拌。接著把牛奶煮沸，然後將蛋黃液加入牛奶中不斷攪拌，直到材料變得濃稠不沾黏盆壁。我以85℃熬煮上述材料，製成英式奶油醬，然後放入攪拌缸，以球狀攪拌器高速攪拌，使其快速冷卻，然後將材料倒入另一容器中備用。接下來我把奶油放入攪拌缸，先用槳狀攪拌器把奶油打散、再換球狀攪拌器以高速攪拌。接著把冷卻的英式奶油醬加入，繼續攪拌。

最後將義式瑪琳蛋白霜加入上述的奶油霜中用手拌勻，再加入玫瑰露、玫瑰糖漿拌勻。

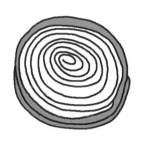  

1公分

組合伊斯帕罕

將1片玫瑰馬卡龍餅皮翻面放在一個大盤上，然後用裝有10號擠花嘴的擠花袋，將玫瑰花瓣奶油霜以螺旋狀擠在餅皮上，並在邊緣一圈預留1公分的空間。

然後將覆盆子以同心圓方式鋪放在奶油霜上。我會先在最外側排上一圈，這樣才能為伊斯帕罕塑造出美麗的外觀；接著在內側繼續排上2圈覆盆子，然後在每一圈覆盆子之間鋪上荔枝塊。水果鋪好之後，最後再擠上一層螺旋狀的奶油霜加以覆蓋。

我把第二片馬卡龍餅小心翼翼地蓋上去，然後輕輕按壓。至於馬卡龍的表面裝飾，我會放上3顆新鮮覆盆子和5片紅玫瑰花瓣，然後利用塑膠袋尖角或料理紙捲成的小擠花袋滴上1滴葡萄糖漿。

最後把它放進冰箱冷藏**一整夜**。

comme je n'ai pas assez de patience, je vais l'acheter en boutique

因為我缺乏耐心，
所以都直接去店裡買。

en revanche, je suis assez douée pour le manger

不過我對吃它可是超有天分喔！

SCROUNCH

c'est dingue c'que c'est bon

咕嚕！
怎麼會好吃成這樣啦～

我要這種、這種和這種。

還有這種要兩……不，要三個，等會馬上要吃的。

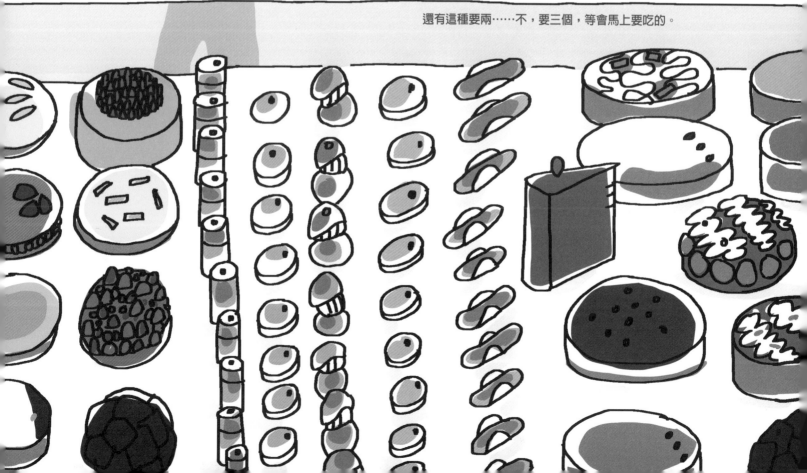

LE CHALLENGE

挑戰一下！

Pierre, il y a un dessert
que je fais tout le temps et
j'aimerais bien que vous
"l'Hermérisiez"...

comment
s'appelle-t-il ?

皮耶，我經常做一種甜點，不過我想請你幫我把它「皮耶艾曼化」一下……

妳那道甜點叫什麼？

le "Vite fait"

ooooh

「做得快蛋糕」

天啊……

effondré...

差點跌倒

Vite fait 做得快蛋糕

小妹版

奶油　　砂糖　　低筋麵粉　　泡打粉　　香草糖粉　　雞蛋　　香蕉1根　　黑巧克力
100公克　150公克　75公克　　1小袋　　1袋　　　　3顆　　　　　　　　　10塊
　　　　　　　　　　　　　（重量為11公克）（重量為7.5公克）（蛋黃、蛋白分開）　蘋果1顆　（約50公克）

將烤箱預熱至180℃。

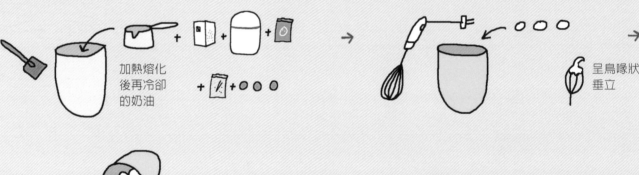

加熱熔化
後再冷卻
的奶油

呈鳥喙狀
垂立

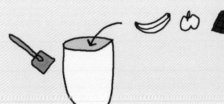

蛋糕模內側要抹
奶油、撒麵粉

→ 放入烤箱烘烤20到25分鐘

用刀子檢查烘烤狀況

如果刀刃拔出來時非常乾淨，
就表示蛋糕烤好了

Bien fait

做得巧蛋糕

皮耶版

看我的！只要把內容和程序稍微調整一下，
就不會只是一塊普通的蛋糕了。

| 軟化奶油 100公克 | 砂糖 100公克 | 低筋麵粉 75公克 | 泡打粉 1小袋 （重量為11公克） | 香草糖粉 1袋 （重量為7.5公克） | 雞蛋 3顆 （蛋黃、蛋白分開） | 覆盆子 10顆 或 | 帶皮檸檬果醬 2湯匙 |

將烤箱預熱至180℃。

將切成小塊的奶油、一半的砂糖，以及香草糖粉放入攪拌缸，使用槳狀攪拌器把材料打發
至顏色泛白、奶油呈濃稠乳膏狀。

我把蛋黃和蛋白分開，把3個蛋黃放進奶油中。

我繼續攪拌，直到材料呈現均勻的濃稠狀。

我在另一個圓底盆中打發蛋白。打到顏色開始變白時，慢慢加入剩餘的砂糖繼續打發成為
蛋白霜。接著把少量蛋白霜加入上述的奶油糊中，用橡皮刮刀輕輕拌勻，然後再加入剩餘
的蛋白霜、篩過的麵粉以及泡打粉，繼續輕輕攪拌均勻，蛋糕麵糊就完成了。

我在蛋糕模內側抹上奶油、撒麵粉，然後把一半的麵糊倒入蛋糕模中。在麵糊
中央擺上事先裹好麵粉的覆盆子（裹麵粉的目的是避免覆盆子沉到麵糊底部）
或檸檬果醬。注意，這裡我不使用冷凍覆盆子，因為冷凍覆盆子會把水分帶進
蛋糕裡。

蛋糕麵糊
水果
蛋糕麵糊

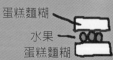

我再把另一半麵糊也倒入蛋糕模，然後送入烤箱烘烤**35分鐘**。

距離頂端還有2公分

我用刀子檢查烘烤狀況。

蛋糕烤好冷卻之後，我可以在頂端加上一匙覆盆子果醬或帶皮檸檬果醬（可配合蛋糕內選
用的材料）。

Pierre Hermé et moi

皮耶·艾曼的私房分享

為了讓這個蛋糕看起來很像店裡賣的蛋糕，我把材料分量調整了一下，不過作法是完全相同的。這是一種非常好的基礎蛋糕，可以再加上一些變化，例如切成兩半，在中間抹上香堤鮮奶油再上桌。

vous le vendriez en boutique ?

喂，那你會把它拿到店裡賣嗎？

這樣妳的蛋糕至少就有一點點「皮耶艾曼化」了，
因為吃起來真的比較可口呢！

惱羞成怒

我真的很不想讚美你……

你要我以後怎麼把肥肉甩掉啦！

我要對皮耶說：感謝，感謝，大感謝！

你送給我的真是一套超級大禮：在你身邊待了兩個月，我除了獲得你的甜點食譜、你的精美蛋糕、你的頂級手藝，你甚至還送給我一位專屬師傅——卡米耶‧莫恩-羅克茲（Camille Moënne-Locoz），還有助理夏綠蒂‧布魯諾（Charlotte Bruneau）也幫了超多忙。

你無法知道，至今我仍對那段時光感到多麼意猶未盡，你也無法想像我覺得自己是多麼幸運。

你的慷慨分享和你對我的信心都令我感動不已。

Soledad 索蕾妲

我要誠摯感謝可愛的索蕾妲。

我也深深感謝我的創業夥伴夏勒‧史拿提（Charles Znaty），以及工作團隊的卡米耶‧莫恩-羅克茲、夏綠蒂‧布魯諾、米凱‧瑪索里耶（Mickaël Marsollier）、阿嘉塔‧普德雷克（Agata Pudelek）和黛芬‧泊桑（Delphine Baussan）。

皮耶‧艾曼

皮耶‧艾曼,
可以教我做法式甜點嗎?

taste 05

原著書名 / Pierre Hermé et moi

著 / 皮耶‧艾曼（pierre hermé）、索蕾妲‧布哈維（soledad bravi）

翻譯 / 徐麗松

企劃選書 / 蔣豐雯　責任編輯 / 李依蒨　特約編輯 / 劉淑蘭　美術設計 / 林家琪

發行人 / 何飛鵬　總編輯 / 陳嘉芬　行銷經理 / 黃千芳　版權 / 王乃立

出版 / 水滴文化　台北市民生東路二段149號6樓A室　電話：（02）25095506

發行 / 英屬蓋曼群島商家庭傳媒股份有限公司城邦分公司　客服專線：（02）25007718

　　　香港發行所 / 城邦（香港）出版集團　電話：852-25086231

　　　馬新發行所 / 城邦（馬新）出版集團　電話：603-90578822

印製 / 上晴彩色印刷製版有限公司

2015年8月10日初版　Printed in Taiwan

定價 / 450元

ISBN 978-986-88276-6-0

國家圖書館出版品預行編目(CIP)資料

皮耶‧艾曼,可以教我做法式甜點? / 皮耶.艾曼(Pierre Hermé), 索蕾妲.布哈維(Soledad Bravi)作 ; 徐麗松譯.
-- 初版. -- 臺北市：水滴文化出版：家庭傳媒城邦分公司發行, 2015.08
面；　公分　譯自：Pierre hermé et moi　ISBN 978-986-88276-6-0(平裝)　1.點心食譜
427.16　　　　　　　　　　　　　　　　　　　　　　　　　　　　　　104011285